热害矿井除湿降温技术

苗德俊　著

中国矿业大学出版社

·徐州·

内 容 提 要

本书介绍了作者近年来在矿井除湿降温技术方面的研究成果。本书内容主要包括矿井除湿降温系统,矿井除湿溶液再生及影响因素,矿井除湿溶液的除湿效果及影响因素,矿井除湿溶液的研制,围岩与风流热湿交换的计算,进风除湿量与需冷量的计算,矿井风流除湿降温的数值模拟,矿井除湿降温设备的研制,采煤工作面的热湿源分析,矿井除湿降温技术的应用等。

图书在版编目(C I P)数据

热害矿井除湿降温技术 / 苗德俊著.—徐州 :中国矿业大学出版社,2020.9

ISBN 978 - 7 - 5646 - 4780 - 3

Ⅰ.①热… Ⅱ.①苗… Ⅲ.①煤矿－热害－防治

Ⅳ.①TD163

中国版本图书馆 CIP 数据核字(2020)第 138170 号

书　　名	热害矿井除湿降温技术
著　　者	苗德俊
责任编辑	章　毅
出版发行	中国矿业大学出版社有限责任公司
	(江苏省徐州市解放南路　邮编 221008)
营销热线	(0516)83884103　83885105
出版服务	(0516)83995789　83884920
网　　址	http://www.cumtp.com　E-mail:cumtpvip@cumtp.com
印　　刷	江苏淮阴新华印务有限公司
开　　本	787 mm×960 mm　1/16　**印张** 11.75　**字数** 230 千字
版次印次	2020 年 9 月第 1 版　2020 年 9 月第 1 次印刷
定　　价	47.00 元

(图书出现印装质量问题,本社负责调换)

前　言

　　随着矿井开采深度的增加及机械化程度的提高,越来越多的矿井出现了高温热害问题。井下高温、高湿的作业环境严重影响了矿工的健康和煤矿开采的效率,同时给煤矿的安全生产带来了隐患。因此,如何针对煤矿井下高温、高湿的环境特征,开发出高效的空气调节技术,改善职工的作业环境是高温矿井急需解决的问题。

　　本书通过对现有矿井降温理论和降温技术的比较分析,结合井下热害的具体特点,提出了以除湿为主、辅以降温的热害矿井除湿降温技术。

　　为了实现高效除湿降温,本书对溶液除湿再生基本原理、溶液的除湿量和再生效率进行了研究。对影响职工热舒适性的几种指标进行了分析,结合矿工的具体情况,确定了以等效温度作为高温热害矿井除湿降温的指标。利用溶液除湿恢复系统实验装置,研究了影响除湿和恢复效果的各种因素,为除湿降温设计提供了依据。通过除湿溶液的配比实验,确定了适合煤矿除湿的最优除湿溶液配比。在对矿井风流热质交换分析的基础上,确定了风流温、湿度变化的计算方法。通过对现有降温方式(空冷器降温)和新型降温技术(除湿降温)的分析,确定了其需冷量和除湿量的计算方法,并结合实例对不同状况下空冷器和除湿降温设备的冷负荷进行了计算。采用FLUENT软件对新型降温技术的风流温、湿度进行了模拟,通过理论和模拟对比分析,可知新型除湿降温技术能有效地改善工作地点的相对湿度,提高工人的热舒适性。最后,在高温热害矿井中进行了新型降温技术的应用,取得了较好的效果。

　　本书的研究成果在一定程度上丰富了矿井降温的理论,为矿井高效降温的研究与应用提供了重要的依据。

　　由于作者水平及时间的限制,书中疏漏之处在所难免,恳请读者批评指正。

作　者
2020 年 3 月

目　　录

1 绪 论

1.1 研究背景

随着当今世界采煤机械化程度的提高以及矿井开采深度的增加,高温热害问题愈来愈严重。井下高温、高湿的环境极大地危害了矿工的身心健康,降低了劳动生产率,同时危及煤矿安全生产,目前矿井热害已成为威胁煤矿安全生产的六大灾害之一。因此,矿井热害作为当前世界采矿工业中亟待解决的问题,是各国采矿科研工作者的重要研究内容。

矿井热害是指井下风流的温度、湿度、风速和焓值达到一定状态后,致使人体散热困难,工人劳动生产率下降,感到闷热,进而出现大汗不止、头昏、虚脱、呕吐等中暑症状,甚至死亡的自然灾害。为了保障矿工的身心健康,井下各处的空气温度在《煤矿安全规程》中都有着详细的规定。调查资料表明,矿内作业环境的气温每超标 1 ℃,劳动生产率则下降 6.8%,当气温超过 28 ℃时,事故发生率将增长 20%[1]。

与此同时,井下潮湿的危害也是不可忽视的。第一,在井下高温、高湿的环境中,周围空气对人体的热作用增加,致使人体蒸发散热困难,破坏了人体的热平衡,人就会感到闷热、烦躁、精神不振、昏昏欲睡,从而降低工作效率而且不利于安全生产;第二,井下空气潮湿,会加剧井下材料以及设备的腐烂、锈蚀,导致电气线路绝缘程度下降,缩短其使用寿命等;第三,长期工作在潮湿的环境中,矿工的身心健康会受到影响,使体质下降甚至引发疾病,从而导致事故率增高,劳动效率降低[2]。

由此可见,矿井热害、湿害严重影响作业工人的效率以及他们的身心健康,甚至可能导致一些矿井恶性事故的发生,给矿井的安全生产及其日常管理带来了极大的威胁,必须采取切实可行的技术措施加以防治。

矿井热害防治技术于 20 世纪 70 年代后迅速发展并广泛应用,国内外矿井采用的降温技术主要有非人工制冷降温技术和人工制冷降温技术。非人工制冷降温技术,主要是通过增大风流、改善通风方式等来降低工作面温度的。同非人工制冷降温技术相比,人工制冷降温技术则是采用机械冷却降温的,其降温效果较好,应用的范围也更广,技术发展也越来越成熟,已成为热害矿井降温的主要手段。

人工制冷降温技术往往同时担负着除湿和降温两大功能。除湿通常意味着将空气温度降到露点以下,使空气中的水分通过冷凝排放出来。而在矿井高温、高湿环境中,风流的相对湿度达 90% 以上,潜热冷负荷比例较大,占到了新风冷负荷的 80% 以上,绝大部分的新风能耗都用于除湿。同时,如果处理后的风流温度低,则与风筒外风流会有较大的温差,从而造成冷量损失。这种冷冻除湿的方式制约了系统的能效比的提升。

总之,为了进一步提高高温、高湿矿井的降温效果,解决随着矿井开采深度增大而带来的热害问题,为井下工人提供良好的工作环境,同时减少不必要的冷量损失,本书对热害矿井除湿降温技术进行研究,提出了一套高效节能且经济性好的除湿降温系统。

1.2　国内外矿井除湿降温技术研究

1.2.1　国内外矿井除湿降温技术的发展

因为高温热害严重影响了采矿工业的发展,各国自 20 世纪初便开始了对高温矿井降温技术的研究。1915 年巴西建立了世界上第一个矿井空调系统,并在地面建立集中制冷站;1919 年南非也开始了对矿井风流热力学规律的研究;20 世纪 20 年代,矿内热环境问题的最初理论开始形成,英国是世界上最早在井下实施空调技术的国家,1923 年英国的彭德尔顿煤矿在采区安设制冷机用来冷却工作面风流;三四十年代,矿井风温预测计算理论开始发展;60 年代,科研工作者开始运用计算机技术进行风温预测;70 年代,有关矿内热环境工程的系统著作陆续问世,完整的学科体系就此形成[3]。

我国于 20 世纪 50 年代初开始进行矿井降温研究工作,煤炭科学研究总院抚顺分院曾对抚顺煤矿高温问题进行了科学研究,并取得了一定的成果。60 年代在淮南九龙岗矿采用小型制冷设备对矿井进行降温,降温效果良好。自 70 年代以来,各研究单位及科研人员对许多高温矿井矿内风流的热力状态有计划地进行了系统的观测,用数理统计方法,提出了风温预测的数学模型,并对煤矿井下生产环境的计算机模拟与预测技术进行了深入的研究。80 年代初在山东新汶矿务局孙村矿建立了我国第一个井下集中制冷站,制冷站制冷能力为 2 326 kW;90 年代,山东新汶矿务局建立了我国第一个矿井地面集中制冷降温系统,也是亚洲最大的矿井制冷降温系统,该系统的设计制冷能力为 5 600 kW[3]。与此同时,在矿山热力学、矿井输冷制冷技术等方面的研究工作也取得了重大进展。

然而现有的矿井降温技术多注重于温度的控制方面，而忽略了对湿度的控制，至于煤矿井下除湿，目前的研究较少，可借鉴地面空调系统。在对地面空调系统的研究中，液体除湿系统因其优越性备受青睐，国内外许多科研机构和专家已投入此领域的研究中。

1955 年，Lof 提出溶液除湿的思想，建立了第一个液体除湿冷却系统，他采用 TEG(三甘醇)作为除湿剂并利用太阳能作为再生热源。Robison 发现 TEG 的黏度较大，易导致系统循环的不稳定，易挥发，对人体有害，提出采用金属卤素盐溶液(如 $CaCl_2$ 溶液)作为除湿剂，但是它对金属的腐蚀性大。1988 年，Novosel 和 Griffiths 研究了以燃气为热源和电制冷为冷源的组合方式。1989 年，Kessling 提出了将太阳能蓄能和蒸发制冷技术相结合的方案。2004 年，Groossman 对除湿蒸发冷却空调系统进行了实验研究[4]。国内的上海交通大学、天津大学、华南理工大学和西北工业大学等高校也对液体除湿冷却系统进行了深入研究。

1.2.2 国内外现有矿井除湿降温技术

1.2.2.1 矿井降温技术

目前，国内外常见的降温技术主要分为非人工降温技术和人工降温技术两大类，人工降温技术又包括人工制冷水空调技术、空气压缩式制冷技术、人工制冰降温技术以及热电冷联产空调降温技术四种。单对矿井掘进工作面降温而言，目前常用矿用空冷器对风流进行降温处理。

(1) 非人工降温技术

影响矿井风流温度的因素主要有以下几种：① 矿井开拓部署及采区巷道的布置方式。如采用两翼和分区风井进风(可缩短进风路线长度)，让风流经过低温岩巷，采用下行风降温措施等。② 采煤方法和顶板管理方法。在开采条件相同的情况下，采用后退式采煤法比前进式漏风小，进风量大，降温效果好。③ 风量。可以通过改变风量来调节矿井风温[5]。通过风温预测模型和大量的现场实验，都可以看出增加风量对降温的作用。这是一种简单易行的降温方法，但降温幅度有限，受到进风流温度和围岩温度的影响，当围岩温度达到一定程度时，风温不再受风量的影响。

(2) 人工制冷水空调技术

该技术自 20 世纪 70 年代迅速发展，使用越来越广泛，也越来越成熟。该方案采用冷水机组制取冷水，然后将冷水通过绝热管道送到空调区域，利用水冷式表面冷却器对空调区域进行除湿降温。冷水机组的相关技术已比较成熟。降温方案设计的重点在于根据矿井环境空气状态、热负荷以及空气和水的参数等条件，选择适当的表面冷却器，然后再根据所需制冷功率选择合适的冷水机组。

另外,可根据制冷设备放置的位置将该制冷降温技术分为四种,即井下集中式、地面集中式、联合式和局部移动式。

（3）空气压缩式制冷技术

矿用空气压缩制冷系统是在现有的矿井空调系统的基础上发展起来的一种新型矿井空调系统,其基本原理是利用压气作为供冷媒介,直接向采掘工作面喷射冷气制冷。设备系统可以采用离心式压缩机和径向透平减压机组成的机组。常见的有空气透平膨胀制冷系统和压气节流制冷系统两种。

空气压缩制冷系统设备简单,没有高低压换热器和空冷器、输送管道少、施工难度低,且工作面冷量分布合理,能有效地解决矿井集中降温中存在的问题。空气既是制冷剂又是载冷剂,取之不尽、用之不竭,无空气污染问题,在高温煤矿应用前景良好。但其制冷能力小于蒸汽压缩系统,即单位制冷功率的投资和年运行费用较高,因此在国内矿井中应用并不广泛。

（4）人工制冰降温技术

人工制冰降温技术是近年来新兴起的一项降温技术。该技术利用地面制冷机组制成粒状冰或泥状冰,经输冰系统将冰送至井口,然后冰依靠自身重力由垂直输冰管道到达井底硐室,并依靠惯性进入融冰装置,在融冰装置内,与水进行充分换热,产生接近 0 ℃的冷水,冷水经井下输配管路送到工作面,经空冷器与工作面风流换热,从而达到降温的目的[6]。

制冰技术利用冰的相变潜热降温,获得同等冷量所需的冰量仅是水的四分之一,输送到空冷器的冷水温度较低,换热效率高,可克服冷凝热排放困难的问题,尤其是开采深度大、冷负荷需求很大的矿井,制冰降温系统更显其优越性。其缺点在于系统复杂,辅助设备多,耗能大。

（5）热电冷联产空调降温技术

热电冷联产空调降温是指矿井降温系统与煤矿热电站联合运行。采用外购电制冷的矿井空调系统,费用高,并且会加重矿区电力紧张、电费昂贵局面,致使成本上涨,导致经济效益下降。煤矿生产过程中产生大量瓦斯、煤矸石等燃料,危险又污染环境。但是可以利用这些副产品,建设小型坑口自备热电站用于供给煤矿所需的热电能,还可配置以热电站为热源的吸收式制冷机,生产高温矿井和地面建筑所需要的冷量,减少污染物的排放,改善环境,提高效益。制冷机房必须设在地面上,因为坑口热电站建在地面,利用电站余热的制冷机房若设在井底车场附近,则需将热量沿保温管道由地面输送到井底,热损较大。

因制冷设备位于井上,冷水经过近千米的立管输送,将会产生很大的压力,此时需要将高压水减压,选用合理高效的高低压换热器进行减压至关重要。

（6）矿用空冷器

矿用空冷器,主要可分为表面式空冷器和直接接触式空冷器两类。

表面式空冷器结构紧凑、体积小、不污染井下工作环境、适应性强,因而备受青睐。为了提高表面式空冷器的换热效率,在其肋管上增设翅片以增加换热面积。但是由于矿井井下条件恶劣、粉尘浓度高,表面式空冷器很快被灰尘覆盖,难以达到应有的效率。为适应井下恶劣环境,人们又研究出传热效率低的光管式空冷器。目前我国使用的空冷器还是以翅片式的为主,将突破点放在空冷器清洗装置的研制上。

直接接触式空冷器换热效率高,但其体积较大因而限制了使用。为适应各种场合需要,各国专家致力于研究机动灵活、体积小的直接接触式空冷器。

1.2.2.2　空气除湿技术

常用的空气除湿技术有冷冻除湿、压缩除湿、固体吸附式除湿、转轮除湿和溶液吸收式除湿等[7]。

（1）冷冻除湿

冷冻除湿因为能耗小、操作简单、易于控制而得到广泛的应用。冷冻除湿机采用冷冻除湿的原理,以制冷机为冷源、直接蒸发式冷却器为冷却设备,通过将气温降至露点以下,析出水汽而降低空气的绝对含湿量,从而达到除湿的目的。

（2）压缩除湿

压缩空气除湿机的工作机理是将空气压缩再冷却,空气中的水汽即凝结成水。将压缩空气除湿机凝结的水排出再加热即可获得低湿度的空气。压缩空气除湿机的特点是适合小风量,低露点除湿;压缩动力费用较大;适合仪表、控制等需要少量高压除湿空气者使用。

（3）固体吸附式除湿

固体吸附式除湿,利用毛细管作用将水分吸附在固体吸湿剂上,可降低露点,但吸附面积大时设备也随之变大,不适用大面积除湿。

（4）转轮除湿

转轮除湿将浸渍吸湿剂的薄板加工成蜂窝状转轮,驱动电机使除湿转轮每小时旋转数十次,连续重复吸湿再生动作,从而提供干燥空气。其特点是除湿结构简单,除湿量大,湿度可调,处理后空气的湿度容易控制;吸湿转轮性能稳定,维护简便,易于操作。

（5）溶液吸收式除湿

溶液吸收式除湿,利用空气和易吸湿的盐溶液接触,使空气中的水蒸气吸附于盐溶液中而实现空气除湿过程。其特点是再生温度低,可利用多种能源驱动,如太阳能、电能等,尤其是可以利用低品位能源,能起到环保节能的作用;另外,溶液易于被冷却,能够实现等温的除湿过程,使得不可逆损失减小;使用的工质(除湿剂)不会对环境造成破坏,更环保。

1.3 本书的研究内容及方法

1.3.1 主要研究内容

本书的主要研究内容包括热害矿井除湿降温技术的研究,除湿降温系统及设备的研制,矿井风流热湿交换及除湿量、需冷量的确定,除湿降温技术的经济性和风流模拟,现场实测应用等。

(1)热害矿井除湿降温技术的研究

通过对现有降温技术的对比和除湿原理的分析,提出一种适用于矿井的新型除湿降温技术。通过对人体热舒适和常用的热舒适指标的分析,确定除湿降温效果的评价指标。

(2)除湿降温系统及设备的研制

结合高温热害矿井的实际情况,研制适合热湿环境的除湿降温系统,即液体除湿冷却系统。确定其简要工艺流程和主要设备。

(3)矿井风流热湿交换及除湿量、需冷量的确定

矿井风流热湿交换是一个相当复杂的过程,首先对围岩与风流间的热湿交换进行分析,确定风流温、湿度及热量的计算方法,然后针对掘进工作面,采用热力学原理和微分方程确定沿工作面风流的风温计算式。

确定掘进工作面长距离送风和短距离送风情况下除湿降温技术和现有降温技术所需要的冷量和除湿量的计算方法。

(4)除湿降温技术的经济性及风流模拟

讨论了常见的经济性评价指标和方法,并结合具体实例进行经济性评价。运用 FLUENT 对采用不同设备时的风流状态进行模拟,将模拟结果进行分析比较。

(5)现场实测应用

根据现场实测数据研究采用不同设备时风流的变化规律,并进行分析对比和评价。

1.3.2 研究方法

本书将采取理论分析、数值模拟及现场实测相结合的方法,对热害矿井新型除湿降温技术进行研究。

主要的研究技术路线如图 1.1 所示。

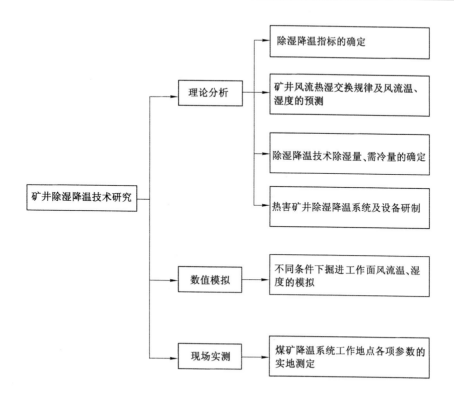

图 1.1 研究技术路线图

2 矿井除湿降温原理

2.1 溶液除湿再生的基本原理

溶液除湿的基本理论是利用吸湿浓溶液去吸收空气中的水汽分子从而达到干燥空气的目的。溶液除湿是复杂的传热、传质过程,含湿空气与浓溶液表面的温度差是其根本推动力,即浓溶液表面的饱和蒸汽压与湿空气水蒸气分压力差。除湿过程中压力差可表示为:

$$\Delta p = \frac{1}{H}\int_0^H (p_v - p_L)\mathrm{d}h \tag{2.1}$$

式中　Δp——压力差;

　　　H——除湿器入口与出口间距离;

　　　p_v——被处理空气水蒸气分压力;

　　　p_L——除湿溶液表面的饱和蒸汽压。

简要地说,溶液除湿是空气中的水分从气流进入溶液的变换过程,空气中水汽的分压力比溶液最外层的饱和蒸汽压高,从而实现水蒸气由气相向液相的相变传递。这个传递可分为三个阶段:

① 空气中的水分扩散到气-液两相界面的气相侧;

② 空气中的水分在气-液两相界面上凝结,转入溶液;

③ 水由相界面的液相侧进入溶液。

液体除湿,湿空气在外界动气支持下从侧面通过热质交换模块,除湿低温浓溶液从上到下通过热质交换模块,气液表层叉流进行表面模式热质的交换,由于冷媒水溶液外表的饱和水汽分压力比空气中的水汽分压力低,水分就由空气转换进入液体吸湿浓溶液中,从而达到除湿的效果。

溶液的恢复再生反向进行,将低浓度且温度相对较高的溶液通过填料模块,与外界空气进行吸热蒸发过程,温度较高的溶液外层的饱和蒸汽分压力比空气中的水蒸气分压力高,水汽从溶液蒸发汽化进入空气中,对溶液进行恢复再生。

从传热学的角度对溶液再生的换热机理进行分析,溶液蒸发过程变化与萃取工艺相似,蒸发过程有纷杂的相接触,相平衡未到来时,相与相的传送因其不同组成而变化。变化的范围和传质的速率都取决于偏离平衡方程的程度,下面通过拉乌尔定律分析气液平衡的模型。

通过分析气液相状态模型,设定气流是完美的气体状态,液流也是理想状态溶液。基于以上两种状态,拉乌尔定律状态表达式可以表示为:

$$y_i p = x_i p_i^{sat} \quad i = 1, 2, \cdots, N \tag{2.2}$$

式中 y_i——气相摩尔分数;

p_i^{sat}——某温度下组分 i 的饱和蒸汽压;

x_i——液相摩尔分数。

式(2.2)表示了气液平衡的简单模型,可以作为更复杂体系的比较标准。定律的一个限制是它只能应用于已知汽相压力的组分,并且要求组分的使用温度低于它的临界温度。定律的一个有用的特征是只有当气相是理想气体的情况下,组分的摩尔分数才满足归一化条件。

因为 $\sum_i y_i = 1$,由所有组分求总和,由式(2.2)可得:

$$p = \sum_i x_i \gamma_i p_i^{sat} \tag{2.3}$$

式中 γ_i——活度因子。

式(2.3)用于计算相点,其中气相组成未知。对于二元系统有 $x_2 = 1 - x_1$,且:

$$p = p_2^{sat} + (p_1^{sat} - p_2^{sat}) x_1 \tag{2.4}$$

当温度不变时,p 和 x 呈线性关系,式(2.4)也可以求解,由所有组分求和 $\sum_i x_i = 1$,可以得到:

$$p = \frac{1}{\sum_i y_i / p_i^{sat}} \tag{2.5}$$

式(2.5)用于露点计算,其中液相组成未知。

对中低压体系,当假设不成立时,需要对其进行修正,因此加入活度因子 γ_i 来修正其定律:

$$y_i p = x_i \gamma_i p_i^{sat} \quad i = 1, 2, \cdots, N \tag{2.6}$$

活度因子是温度和液相组成的函数,其经验值可以查表得到,式(2.5)可以改变为:

$$p = \frac{1}{\sum_i y_i / (\gamma_i p_i^{sat})} \tag{2.7}$$

2.2 溶液动态循环平衡机理探究

由于溶液的除湿和再生过程均依赖溶液的表面水蒸气分压力,因此除湿/再生过程能否进行以及进行的效率如何需要深入探究。

2.2.1 溶液除湿过程动力分析

溶液除湿过程是典型的两相接触传质过程,即水汽从气相传递到液相并释放潜热的过程。而再生过程的传质方向和热量变化与除湿过程完全相反,水蒸气从液相传递到气相并吸收潜热。下面以稳态叉流传质过程为例分析质量和能量平衡问题。

对于稳态叉流传质过程,两相参数的改变可使用图 2.1 表示,图中 E 和 F 对应传质过程的溶液和气流,也对应溶液除湿过程的液相变化与气相变化。

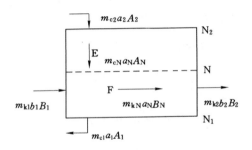

图 2.1 稳态叉流传质参数

图 2.1 中,N_1 和 N_2 指的是除湿模块的底端和顶端,在 N_1 和 N_2 处,溶液 E 的质量流量分别为 m_{c1} 和 m_{c2},水汽在 m_{c1} 和 m_{c2} 中的质量分数分别为 a_1 和 a_2,同理,在 N_1 和 N_2 处,气流 F 的质量流量分别为 m_{k1} 和 m_{k2},水汽在 m_{k1} 和 m_{k2} 中的质量浓度分别为 b_1 和 b_2。

对于溶液除湿这种物理变化的液相传质,水汽质量平衡满足下式:

$$m_{k1}b_1 + m_{c2}a_2 = m_{k2}b_2 + m_{c1}a_1 \tag{2.8}$$

对 N-N_1 旁边所有热质交换的对应点,都存在如下关系:

$$m_{k1}b_1 + m_{cN}a_N = m_{kN}b_N + m_{c1}a_1 \tag{2.9}$$

如果将传递的水汽组分看作溶质,使用无溶质参数来表示式(2.8)和式(2.9),则可将方程进行变化。相对应的溶液除湿液相具体变化过程,高湿风流内含的水汽与浓溶液所含液体水可以作为传递的组分,如果把它们当作溶质,其中的干空气和盐溶液就是其中的溶剂,传质过程相对应的溶质浓度则可得到以下定义：

① $B = \dfrac{b}{1-b}$：B 为 F 相中水汽组分的质量与非水汽组分的质量比值；

② $A = \dfrac{a}{1-a}$：A 为 E 相中水汽组分的质量与非水汽组分的质量比值。

以 M_c 和 M_k 表示无溶质质量流量，其中 M_c 表示去溶质以后 E 相的质量流量，M_k 表示去溶质以后 F 相的质量流量。对于高浓度溶液的除湿过程，M_c 即液相中高浓度溶液的质量流量，M_k 即气相中干空气的质量流量。在同一位置 N，存在如下关系：

$$M_c = m_c(1-a) \tag{2.10}$$
$$M_k = m_k(1-b) \tag{2.11}$$

将无溶质质量浓度 A 和 B 以及式(2.10)所表示的无溶质质量流量的关系代入式(2.8)中，可以得到传质过程中基于无溶质参数的总质量平衡方程：

$$M_k B_1 + M_c A_2 = M_k B_2 + M_c A_1 \tag{2.12}$$
$$M_k(B_1 - B_2) = M_c(A_1 - A_2) \tag{2.13}$$

式(2.13)是过(A_1, B_1)和(A_2, B_2)两个点的以 M_c/M_k 为斜率的直线。

同理，在 N_1 和任意 N 之间，都可以表示为：

$$M_k(B_1 - B_N) = M_c(A_1 - A_N) \tag{2.14}$$

式(2.14)是一条过(A_1, B_1)和(A_N, B_N)两点的斜率为 M_c/M_k 的直线。分析可得，式(2.13)与式(2.14)所表征的两直线有一个公共交点，且斜率相同。因为它决定了热质交换模块内的气相变化情况，其公式生成"过程线方程"，如图 2.2 所示。图 2.2 展示了溶液除湿过程中水汽从 F 相传递到 E 相的过程线与传质平衡线的相对方向。平衡线在过程线下边，即传质过程各位置的气相无溶质浓度高于两相平衡时对应的气相无溶质浓度，这样才能提供一定的传质推动力。

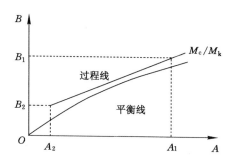

图 2.2　稳态叉流传质过程(F-E)

2.2.2 溶液除湿能量平衡分析

图 2.3 示意了稳态叉流除湿过程中与液相和气相能量变化相关的参数。

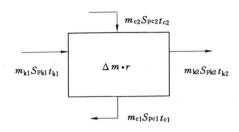

图 2.3 稳态叉流传质过程能量分析

在除湿器运行应用时,高湿气流和高浓度溶液能量相对产生的改变可以用下式表示:

$$\Delta Q_k = m_k \cdot (h_{k1} - h_{k2}) \tag{2.15}$$

$$\Delta Q_c = m_c \cdot (h_{c1} - h_{c2}) + \Delta m_c h_{c1} \tag{2.16}$$

式中 $\Delta Q_k, \Delta Q_c$——空气侧和溶液侧单位时间的能量变化,kW;

m_k, m_c——空气侧和溶液侧的质量流量,kg/s;

h_{k1}, h_{k2}——除湿器进出风流相应的焓,kJ/kg;

h_{c1}, h_{c2}——除湿器进出溶液相应的焓,kJ/kg;

Δm_c——溶液流量增量,kg/s。

对于完全绝热过程,以下等式成立:

$$Q_{散} = \Delta Q_k = \Delta Q_c \tag{2.17}$$

同理,对于绝热型再生器,可以得到能量平衡方程:

$$m_c(h_{c2} - h_{c1}) = m_k(h_{k2} - h_{k1}) + \Delta mr \tag{2.18}$$

式中 r——水汽的汽化潜热,具体为 2 500 kJ/kg。

2.2.3 溶液再生的气液平衡关系

用气液平衡过程对溶液恢复理论进行研究,溶液恢复过程也可以看作相平衡,其基本表达式为:

$$f_i^V = F_i^L \quad i = 1, 2, \cdots, N \tag{2.19}$$

式中 f_i^L——混合物中液相组分 i 的逸度;

f_i^V——混合物中气相组分 i 的逸度。

上式为气液平衡计算的基本公式,应用时,需要建立混合物中组分的逸度 f_i^L、f_i^V 和整个体系的压力、温度及混合物的组成的关系。

另外,可以利用绝对温度(热力学温度)计算该干球温度和湿球温度下空气的饱和蒸汽压：

$$\ln p_{qb} = c_1/T + c_2 + c_3 T + c_4 T^2 + c_5 T^3 + c_6 \ln T \tag{2.20}$$

式中　p_{qb}——温度等于 t 时饱和蒸汽压，Pa；

　　　T——绝对温度，K。

另外系数 $c_1 = -5\,800.220\,6, c_2 = 1.391\,499\,3, c_3 = -0.048\,602\,39, c_4 = 0.417\,647\,68 \times 10^{-4}, c_5 = -0.144\,520\,93 \times 10^{-7}, c_6 = 6.545\,967\,3$。

根据溶液组分的计算方法，可以得到溶液的摩尔分数和质量分数的关系：

$$w_2 = \frac{x_2 M_2}{x_2 M_2 + x_1 M_1} \tag{2.21}$$

$$x_1 + x_2 = 1 \tag{2.22}$$

根据选用稀溶液的浓度范围、溶液的初始温度、再生后的溶液稳定温度范围以及水溶液的蒸汽压进行计算，可以得到溶液表面的蒸汽分压力。

溶液再生过程中液滴颗粒的温度与压力变化特征能够反映再生溶液蒸汽压力的变化情况，视闪蒸过程处于准平衡状态，液滴闪蒸模型如图 2.4 所示（其中，a 为闪蒸液滴半径，r 为计算模型的半径）。

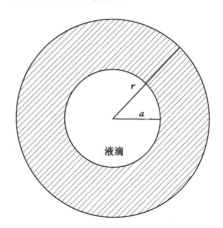

图 2.4　液滴闪蒸模型

液滴的体积足够小，液滴汽化导致的潜热流失，液滴表面与环境温差导致的热传递，是引起液滴相变的几个因素。当雾化液滴小于 $100\ \mu m$ 时，则可忽略液滴中的自然对流作用及传热热阻，并将液滴看作一个整体，传热只发生在液滴表面。

当环境温度高于液滴温度时，由环境到液滴的传热量为：

$$Q_{in} = 4\pi a^2 \lambda \frac{dT_{ga}}{dr} \tag{2.23}$$

部分水分汽化带走的热量为：

$$h_w m = 4\pi a^2 D_V h_w \frac{\mathrm{d}\rho_{ga}}{\mathrm{d}r} \tag{2.24}$$

式中　λ——水蒸气的热传导率，$W/(m \cdot K)$；

　　　D_V——水蒸气扩散率；

　　　T_{ga}——$r=a$ 处水蒸气的温度，K；

　　　h_w——水的蒸发潜热，J/kg；

　　　m——液滴质量变化率，kg/s；

　　　ρ_{ga}——$r=a$ 处液滴表面水蒸气密度，kg/m^3。

假定在液滴与空间处于热平衡状态，结合式（2.23）和式（2.24）得：

$$\lambda \frac{\mathrm{d}T_{ga}}{\mathrm{d}r} + D_V h_w \frac{\mathrm{d}\rho_{ga}}{\mathrm{d}r} = 0 \tag{2.25}$$

液滴蒸发而产生的质量变化率为：

$$m = 4\pi a^2 D_V \frac{\mathrm{d}\rho_{ga}}{\mathrm{d}r} \tag{2.26}$$

由式（2.26）获得径向蒸汽密度的变化率：

$$\frac{\mathrm{d}\rho_{ga}}{\mathrm{d}r} = \frac{m}{4\pi r^2 D_V} \tag{2.27}$$

对式（2.27）积分得：

$$m = 4\pi a D_V (\rho_{ga} - \rho_{g\infty}) \tag{2.28}$$

那么，由式（2.26）和式（2.28）可获得液滴表面径向密度减少率为：

$$\frac{\mathrm{d}\rho_{ga}}{\mathrm{d}r} = \frac{1}{a} \frac{M}{R} \left(\frac{p_{ga}}{T_{ga}} + \frac{p_{g\infty}}{T_{g\infty}} \right) \tag{2.29}$$

式中　$\rho_{g\infty}$——$r=\infty$处液滴表面水蒸气密度，kg/m^3；

　　　M——水蒸气的摩尔质量，g/mol；

　　　R——通用气体常数，$8.314\ 5\ J/(mol \cdot K)$；

　　　$p_{ga}, p_{g\infty}$——$r=a, r=\infty$处水蒸气的压力，Pa；

　　　$T_{g\infty}$——$r=\infty$处水蒸气的温度，K。

基于热传导方程和扩散方程的相似性，那么液滴表面径向温度减少率可表示为：

$$\frac{\mathrm{d}T_{ga}}{\mathrm{d}r} = - \frac{T_{ga} - T_{g\infty}}{a} \tag{2.30}$$

将式（2.28）和式（2.29）代入式（2.30），环境和液滴表面的温差可作如下表达：

$$T_{g\infty} - T_{ga} = \frac{D_{V} h_{w} M}{\lambda R} \left(\frac{p_{ga}}{T_{ga}} - \frac{p_{g\infty}}{T_{g\infty}} \right) \tag{2.31}$$

基于能量守恒的原则,"液滴内能的减少量＝热对流吸收的热量－液滴汽化损失的热量",当处于稳定状态时,则液滴的温度变化量为:

$$\mathrm{d}T_{p} = -\frac{12}{\rho_{p} c_{pL} D_{p}^{2}} \left[\frac{D_{V} h_{w} M}{R} \left(\frac{p_{ga}}{T_{ga}} - \frac{p_{g\infty}}{T_{g\infty}} \right) - \lambda (T_{g\infty} - T_{ga}) \right] \mathrm{d}\tau \tag{2.32}$$

式中　$\mathrm{d}T_{p}$——液滴表面温度的变化量,K;

$\quad\quad c_{pL}$——液滴的比定压热容,J/(kg·K);

$\quad\quad D_{p}$——液滴的直径,m;

$\quad\quad \mathrm{d}\tau$——时间变化量,s;

$\quad\quad \rho_{p}$——液滴的密度,kg/m³。

液滴温度在经过时间 $\mathrm{d}\tau$ 后,为原温度 T_{ga} 与温度变化量之和,即 $T_{\tau} = T_{ga} + \mathrm{d}T_{p}$。液滴内部的对流传热、表面蒸发以及液滴组分均对整个闪蒸过程产生一定的影响。在无外部辐射的前提下,当液滴内部热量无法及时传导到液滴表面,外表面水分无法获得足够的汽化热时,其蒸发速度将会减缓,进而影响整个液滴的再生浓缩速度。

2.3　溶液除湿量和再生效率分析

2.3.1　除湿量与除湿效率的计算

对于降温技术的除湿量,应根据煤矿条件进行计算。掘进巷道内湿度比较大,尤其是掘进头处,由于壁面水分及淋水等存在,风流在接近掘进头的过程中湿度不断增大。已知巷道入口处的风流温度为 30 ℃,相对湿度为 91%,含湿量达到 32.6 g/kg。由式(2.33)可计算除湿设备的除湿量:

$$d = \rho V_{1} V_{2} (d_{进} - d_{出}) \cdot C \tag{2.33}$$

式中　ρ——空气密度,一般取 1.2 kg/m³;

$\quad\quad V_{1}$——除湿风流体积,m³;

$\quad\quad V_{2}$——体积修正系数,一般取 1.1;

$\quad\quad d_{进}$——除湿前空气单位质量含湿量,g/kg;

$\quad\quad d_{出}$——除湿后空气单位质量含湿量,g/kg;

$\quad\quad C$——保险系数,一般取 1.2。

除湿效率是衡量除湿设备性能的关键因素,但其受多种因素的影响,在此,忽略其不确定性因素。除湿效率可由下式计算:

$$\eta = \frac{d_{进} - d_{出}}{d_{进}} \tag{2.34}$$

2.3.2 再生量和再生效率分析

含有 1 kg 溶质的溶液经过再生器后蒸发掉的水分,用 $\Delta\omega$ 表示:

$$\Delta\omega = \frac{1}{\varepsilon_1} - \frac{1}{\varepsilon_2} \tag{2.35}$$

式中 ε_1——稀溶液的除湿浓度,%;

ε_2——稀溶液再生后的浓度,%。

再生过程中水分蒸发需要的潜热与溶液消耗的能量比值,用 η_r 表示:

$$\eta_r = \frac{\omega \cdot r}{Q} \tag{2.36}$$

式中 ω——溶液再生前后的含水量之差,kg;

r——水的汽化潜热,kJ/kg;

Q——溶液再生消耗的能量,kJ。

如果再生过程是绝热过程,则溶液损失的热量等于空气得到的热量,而溶液蒸发的水蒸气全部进入空气中,所以从再生溶液的角度出发,可得到:

$$\eta_r = \frac{0.001\Delta d \cdot r}{\Delta h} \tag{2.37}$$

式中 Δd——空气进入再生器前后的含湿量之差,g/kg;

Δh——空气进入再生器前后的焓之差,kJ/kg。

溶液的进口状态、再生溶液参数、液气比、再生器的结构形式以及气液接触形式都是影响再生量和再生效率的重要因素。

空气的水蒸气分压力越低,溶液再生后的质量分数越高,再生量就越大;空气温度越低,热损失越大,再生量越小,再生效率也越小。因此,可以使用空气热回收器,回收排出空气的热量来预热再生空气,这样可以提高再生器的再生量和再生效率。

3　热害矿井除湿降温技术及评价指标

3.1　矿井除湿降温技术

3.1.1　现有矿井降温技术比较

自 20 世纪初矿井降温技术开始兴起,至今已有百余年的历史。在各国科研工作者的共同努力下,热害矿井降温技术已取得了极大的进展,并在矿井中得到广泛的应用。在第 1 章中已详细地介绍了目前矿井常用的降温技术,在这里我们将对现有的矿井降温技术的优劣进行对比。

矿井降温技术主要可划分为两大类,非人工降温技术和人工降温技术。非人工降温技术降温幅度小,具有相当的应用局限性,在目前矿井开采深度越来越大、温度越来越高的条件下,难以达到理想的降温效果。而同非人工降温技术相比,人工降温技术使用范围更广,也更加适合当今煤矿开采的技术需要,而且该项技术发展迅速,越来越成熟,已经成为矿井降温技术的主要手段。

人工降温技术,采用不同的矿井降温载冷剂、制冷设备和布局方式,有着不同的特点和制冷效果。从载冷剂角度来分析空气、水和冰这三种物质,冰最适合作为热害矿井深井降温的载冷剂。与空气、水相比,冰的相变吸热能力较强,主要利用其相变潜热降温,获得同样的冷量所需要的冰量仅是水量的四分之一;因为矿井降温系统所需冷负荷比较大,且冷量输送管线长,采用冰作为载冷剂,可以采用直径较小的管道,以降低降温成本[8]。

从制冷设备来看,现今多数矿井空调降温系统均采用蒸汽压缩式制冷机组,因为相对其他制冷设备,该设备技术成熟、可靠性高,且应用广泛、便于维修。

从设备布局方式来说,多数是将制冷设备放置在地面上的,这样可以避免设备在井下放置冷凝热排放困难的问题。但放置在地面意味着输冷管线长度的大幅度增加,这样就需要在井下设置高低压转换设备,加大管道保温层厚度,成本也随之增加。

不同条件的矿井可采用不同的降温方案(表 3.1),并可结合我国热害矿井深度不断增加的趋势,采用合适的降温方案,以达到节能高效的目的。

表 3.1　矿井降温技术比较

降温方案	载冷剂	设备布局	制冷效果	环境影响	综合评价
集中式降温技术					
井下集中式	水	井下	一般	较大	系统简单,施工困难,设备需防爆、冷凝热排放困难,适用需冷量小的矿井
地面集中式	水	地面	好	较小	需要高低压换热器,系统较为复杂,冷损大,但排热方便,冷量便于调节,适用采深小的矿井
联合式	水	井下、地面	好	一般	克服了井下制冷机的排热困难,但系统复杂,设备分散,适用于需冷量大的矿井
热电冷联产空调降温	水	地面	好	一般	系统复杂,管道长,冷损大,需高低压换热器,但制冷功率大,适用开采深、高瓦斯矿井
人工制冰降温系统	冰	地面	好	较小	系统复杂,辅助设备多,但效率高、冷损小,无冷凝热排放问题,适用开采深、需冷量大的矿井
局部式降温技术					
透平膨胀制冷系统	空气	地面	较好	一般	系统相对简单,局部降温效果好,适用于开采浅、需冷量小的矿井
压气节流制冷系统	空气	地面	较好	较大	系统设备简单,输送管道少,施工难度低,但制冷能力较小,适用需冷量小的矿井
局部移动式	水	井下、移动	一般	较小	结构简单,移动方便,但制冷功率小,存在冷凝热排放困难,适用小范围降温

针对掘进工作面而言,一般采用局部式降温技术,因为掘进工作面降温属于小范围降温,需冷量较少,采用局部式降温技术能够满足需求,且系统简单、易于维护。然而这种降温技术主要通过冷却风流温度来降低工作面温度,而未考虑风流中的湿度影响。煤矿井下湿度往往极大,湿度过高不仅造成制冷设备负荷的增大,同时也影响工作面的热舒适性,因此需要将湿度控制加入矿井降温技术研究中,并结合地面空调系统,提出一种以除湿为主的矿井除湿降温系统[9]。

3.1.2　热害矿井除湿降温技术

3.1.2.1　矿井除湿降温技术的优势

在掘进工作面降温中,矿用空冷器应用广泛,一般将风流温度降低至露点以下,并使空气中多余的水分通过冷凝排出,从而使风流温度达到工作面热舒适性的要求,满足《煤矿安全规程》的要求。但是这样一来,经过处理的风流湿度达到饱和,含湿量比较大,煤矿工作面又属于高温、高湿的环境,风流进入巷道后几乎一直处于增温、增湿的状态,致使工作面热环境湿度很大。湿度对矿工热舒适性的影响虽不如温度的影响明显,但在高温、高湿的环境中,高湿度导致人体散热困难,再加上井下的高温环境,影响矿工的身心健康。

尤其是在长距离送风条件下,经空冷器处理的风流到达风筒口时降温能力很弱,只能通过降低风流湿度使工作面满足人体热舒适性的要求。空冷器除湿耗能大,且处理后的风流要维持在一个较低的温度下,同风筒外风流温差大,有大量的冷量损失,由此提出了矿井除湿降温技术。这样一来,既能达到除湿降温的目的,又能降低输送过程中的冷量损失,提高掘进工作面的环境舒适度,兼顾除湿降温系统的安全性和经济性。

除湿降温技术即除湿冷却系统,可根据除湿所用介质不同分为两类:一类是固体除湿系统,使用的除湿介质主要是硅胶、活性炭等;另一类是液体除湿系统,主要采用氯化钙、氯化锂等盐溶液进行除湿。

液体除湿系统是一种极有发展潜力的除湿降温方式,具有以下几种优势:

① 高温热害矿井不仅温度高,而且湿度大,液体除湿系统将热负荷和湿负荷分开处理,可以达到《煤矿安全规程》所要求的温、湿度。

② 在掘进工作面,风筒中空气的流动过程是一个等湿加热过程,除湿后的空气湿度小,同外界风流的温差也小,可避免温差过大而导致的冷量损失,提高能源的利用率。

③ 溶液喷淋可以除去空气中的尘埃、细菌等,且除湿溶液以化学能方式贮存能量,方便蓄能,负荷小时存储浓溶液,负荷大时用来除湿,从而可减小系统的容量和投资。

④ 系统设备结构简单,投资少、效益高。

因而采用液体除湿冷却系统,不仅能提高高温、高湿矿井的降温效果,还能降低能耗,尤其适用于湿度较大的环境。

根据《煤矿安全规程》的要求,当采掘工作面空气温度超过 26 ℃时,必须缩短超温地点工作人员的工作时间。假定经过空冷器处理的风流到达工作面末端时,正好满足极限风温。因煤矿湿度较大,在降温条件下,工作面末端风流湿度可达到 100%,即极限工作状态为:干球温度为 26 ℃,相对湿度为 100%。由等效温度对照表(表 3.2)可知,在风速为 0.2 m/s 的情况下,干球温度为28 ℃,相对湿度为 78.62% 的环境下,矿工的热舒适性同上述的极限工作状态是一致的,即在这两种情况下矿工具有相同的热舒适性。

表 3.2 等效温度对照表

等效温度/℃	24	24	25	25	25	25	25	26	26
干球温度/℃	25	26	26	27	28	29	30	27	29
湿球温度/℃	25	24.5	26	25.1	24.9	24.2	23.3	27	26
露点/℃	24.98	23.95	25.97	24.15	23.93	22.41	20.59	26.96	24.97
含湿量/$(g \cdot kg^{-1})$	20.08	18.83	21.35	19.06	18.65	17.08	15.25	22.69	20.07
相对湿度/%	100	88.55	100	84.5	78.62	67.6	57.1	100	79.03

因此,可以在保证矿工热舒适性的前提下,适当地降低风流的湿度,相对而言,便可以相应地减少风流的温度差。这样一来,既可降低风流在输送中的冷量损失,也可提高矿工在工作面的热舒适性,从而达到节能高效的降温目的。

3.1.2.2 矿井溶液除湿降温系统的组成

矿井溶液除湿降温系统由除湿降温器、热泵装置、溶液再生器等三部分组成。图 3.1 展示了装置组成结构图。

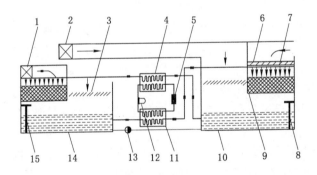

1—抽风机;2—进风机;3—均流板;4—冷凝器;5—节流阀;6—液滴过滤器;
7—喷淋器;8,15—液位控制器;9—填充材料;10—除湿液槽;11—蒸发器;
12—压缩机;13—溶液泵;14—再生液槽。
图 3.1 除湿降温系统结构图

在本除湿降温系统中,热泵装置为除湿和再生过程提供动力。为了提高除湿器和再生器效率,需要动力系统为溶液再生提供所需热量和除湿所需冷量。本书在吸收前人研究成果的基础上,同时结合矿井工作面特殊的工作环境,将除湿与热泵装置相结合,设计出一套热泵驱动的液体除湿系统,实现了连续的除湿过程,即除湿溶液在再生器、蒸发器、除湿器和冷凝器之间循环流动。溶液冷却后,流经除湿器吸湿后升温、变稀,转而流到除湿液槽中。除湿液槽中的高温稀溶液再流经冷凝器,带走制冷剂蒸汽冷凝热后,升温到再生所需要的温度之后流到再生器中进行再生降温并变浓,最后流入再生液槽中。再生液槽中的溶液继续流到蒸发器中吸收冷量,达到除湿器进口需要的温度以后流到除湿器进行除湿,整个过程循环往复。在除湿液槽和再生液槽中分别设置液位控制器,当除湿液槽中的液位较高时,溶液泵会将多出的液位通过管道抽到再生液槽中,最终达到液位平衡;而当再生液槽中的液位较高时,与上一种情况相反,多出的液位通过管道抽到除湿液槽中。在除湿器和再生器进口前设有均流板,保证风流较为均匀地进入装置中;同时,在除湿器的出口处设置液滴过滤层,防止风速过大而引起溶液飞溅。

3.2　除湿降温系统

3.2.1　除湿器

系统构成的核心部分是除湿器,而影响除湿效率的重要因素包括除湿器气液流动方式和结构形式。目前,根据是否对除湿过程进行冷却,可以分为两大类:内冷型和绝热型除湿器。

图 3.2 展示了常用的绝热型除湿器的结构,现在通常使用喷淋塔布液方式。除湿溶液由除湿器顶部喷洒下来之后,会在填料表层形成均匀的液体膜并且慢慢向下流动,与下部逆流而上的已处理空气发生热质交换。在此交换过程中,由于是在填料表面进行,因此填料的各种性能、材质都对除湿系统的除湿效果影响很大。填料按照形状的规则程度可以分为规整填料和散装填料。

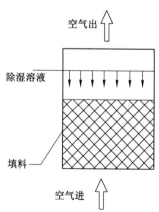

图 3.2　绝热型除湿器的结构示意图

在除湿过程中,绝热型除湿器基本上不与外界换热,在此过程中释放的潜热被溶液吸收,从而溶液温度升高,表面蒸汽压增大,导致吸湿能力下降,空气的处理过程为等焓降湿过程。为此,研究人员又提出了内冷型除湿器。

图 3.3 展示了内冷型除湿器的一般结构。同样,除湿溶液由除湿器顶部开始喷淋并且向下流,在冷却盘管表面形成一层液体膜,而空气自下而上,与液体进行热交换,盘管内事先准备好的冷水将吸收除湿过程中释放的热,因而除湿溶液的除湿能力会有所提高。冷却水带来了降温效果,于是空气的处理也成为等温降湿过程。该类型除湿器在工作过程中,除湿溶液表面水蒸气压力维持较低水平,因而除湿器可以持续除湿。但这类除湿器结构较复杂,尤其要严格保证除湿溶液与冷却介质相互隔开,生产难度较大,并且在工作面较为特殊的环境中,较为难以实现,所以本装置采用的是绝热型除湿器。

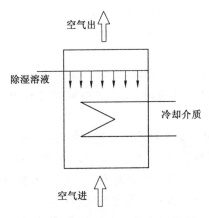

图 3.3　内冷型除湿器的结构示意图

同时,根据气液流动方向不同,又可将除湿器分为顺流、逆流和叉流三种形式。顺流装置的热质交换效果最差,逆流最优,叉流介于二者之间。根据工程具体情况,本装置采用叉流的形式。

如图 3.2 所示,绝热型除湿器通常采用填料喷淋方式,从除湿器的顶部喷洒下来的浓除湿剂在填料上形成液膜,被处理空气以逆流的方式进入除湿器,空气与液膜接触发生热质交换。绝大部分的相变潜热进入吸收了空气中水蒸气的除湿溶液,使其温度显著升高。同时,溶液的除湿能力由于溶液表面蒸汽压的升高而下降。但因填料塔具有结构简单,热质交换面积大等优点,一直以来得到较多的研究和应用。

填料塔内气液两相之间的热质交换是在填料的表面进行,填料的特性直接影响到热质交换的效果,选择填料时主要考虑以下的因素:

① 比表面积。单位体积内填料层的填料表面积称为比表面积,用 σ 表示。所提供的气液传质面积与填料的比表面积成正比。

② 空隙率。单位体积填料层的空隙体积称为空隙率,用 ξ 表示。气流流动阻力与填料的空隙率成反比,而空气通过的能力与填料的空隙率成正比。

③ 填料因子。将 σ/ξ^3 称为填料因子,表征填料的流体力学性能。填料表面由喷淋的液体润湿后覆盖了一层液膜,σ 和 ξ^3 均发生相应的变化,此时称σ/ξ^3 为湿填料因子,它表征实际操作时填料的流体力学特性,其值越小,液泛速度越高,表明流动阻力越小。

④ 其他。单位体积填料质量轻,造价低,并有足够的机械强度。

填料分为散装填料和规整填料两大类。早期的研究工作主要集中在散装填料的性能分析,如陶瓷 Intalox 鞍状散装填料、塑料或聚丙烯鲍尔环等。规整填料规定了气液流路,以其特定的规则几何形状,在提供较大气液接触面积的同时有效地降低了流体阻力。在选择填料时,要求填料的形状和尺寸既能保证比表面积大,又能使被处理空气的压力损失较小,此外不同性能的填料,其润湿的难易程度不同,所提供的气液有效接触面积不同,也是影响溶液与湿空气热质交换效果的重要因素之一。图 3.4 为本装置所用的填充材料。

图 3.4　除湿填充材料

在本除湿降温装置中,除湿器主要由进风机、除湿器均流板、喷淋器、除湿液槽顺次连接。除湿过程中,低温度、高浓度的除湿溶液流经蒸发器,继而流入喷淋器对进风流进行喷淋,这时空气在填充材料中与除湿溶液接触,溶液吸收空气中的水分和热量后变为温度较高的低浓度溶液流入除湿液槽中,已进行过除湿和降温的风流又由风筒排散出来,流入除湿液槽中的溶液又与冷凝器相连接,供再生过程使用。

3.2.2　热泵装置

热泵装置是为除湿和再生过程提供动力的设备,这也是该系统运行耗能最大的一块,该除湿系统工作效率由热泵系统效率的高低直接决定[10]。热泵装置能始终使除湿溶液和再生溶液保持在最适宜的温度,从而保证整个装置的除湿效率。

热泵系统的性能和稳定性决定了除湿效果和节能效果的高低。以理想循环系统为基础,分析热泵系统。理想循环比实际循环简单,但能清晰地反映热泵的热力学过程,而且误差较小。

图 3.5 展示了单级蒸汽压缩式热泵系统的工作过程。状态 1 为制冷剂的饱和蒸汽压状态点,一般保证制冷剂过热温度为 5～8 ℃,然后再被吸入压缩机来防止制冷液体进入压缩机导致湿压缩。1′点为制冷压缩机的吸气点,低温、低压的过热制冷剂蒸汽由压缩机吸气口吸入。1—2′为多方过程,1—2 为制冷压缩机的等熵压缩过程。制冷剂受到压缩机对其做功后,压力和温度逐渐增大,最后变成高温度、高压力的制冷剂蒸汽;2 点为压缩机的排气口位置,高温、高压的制冷剂蒸汽通过此处排向冷凝器中;2—4 在冷凝器中先降温冷却到制冷剂的饱和温度,然后在冷凝器中恒温、恒压冷凝。4—5 为制冷剂在冷凝器的过冷过程。5—6 为热力膨胀阀的节流过程,这个过程中冷凝器冷凝下来的制冷剂由液体变成具有一定干度的制冷剂蒸汽,并排到蒸发器中。6—1 为制冷剂的恒温、恒压蒸发过程。蒸发的过程中,通过蒸发器从除湿溶液中吸热升温变成过热的制冷剂蒸汽,低压的制冷剂蒸汽被压缩机重新吸入后开始一个新的热力循环。

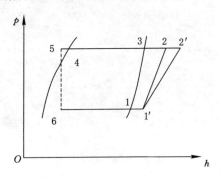

图 3.5　热泵实际循环压焓图

3.2.3　溶液再生器

经过除湿后,溶液吸收水分浓度下降,为了保证系统的持续运行,需要对溶液进行浓缩。再生过程是利用溶液表面的再生空气水蒸气分压力与水蒸气分压力之差作为驱动力,使溶液中水分向空气扩散,从而提高溶液浓度,它与除湿过程相反。溶液表面水蒸气分压力主要受到溶液浓度和再生热源温度的影响,二者决定着其再生性能[11]。再生时,对溶液通过热源加热,使其表面的水蒸气分压力变高,增加再生过程传质动力,使再生过程高效进行。溶液表面的水蒸气分压力与空气水蒸气分压力之差由于再生时溶液温度比除湿时要高很多,因此数值要比除湿时要大,所以再生空气流量和再生侧溶液流量都比除湿侧的要小,再生器的尺寸也相应地比除湿器要小。按照再生方式的不同,可分为沸腾式溶液再生和空气式溶液再生两种方式[12]。

空气式溶液再生通过对溶液进行加热,使得溶液表层的蒸汽压力大于空气的水蒸气分压力。若溶液与空气互相接触,那么水蒸气将在压力差值的影响下逐步扩散到空气中。再生器是溶液与空气进行热质交换的场所,也是再生设备中的核心部件,采取的再生器的类型也应依据驱动再生能源的形式加以区分。通常使用的再生器结构简单,如填料喷淋塔,这与绝热除湿器结构类似,但所处理的溶液的状态不同,而且蒸汽传递的方向正好相反。这种再生方式所需热源温度低,在 $60 \sim 80 \, ℃$ 之间即可满足需求,并且可以利用低品位能源,目前已成为关注和研究的焦点[13]。

沸腾式溶液再生指的是将溶液加热至沸腾状态以使部分水分汽化,而溶液浓缩再次得到浓度较高的溶液的过程。这种方式循环性和可重复性强,可以多次利用溶液,其热源温度高,可以获取很高的再生效率和溶液浓度。但是这个过程需要的再生设备和流程比空气式再生器复杂得多。结合矿井下实际情况,本装置选择空气式溶液再生器。

常见的空气式溶液再生器结构模型如图 3.6 所示。再生过程中,通常利用环境空气与再生溶液进行水分交换。溶液表面的水蒸气分压力高于再生空气的水蒸气分压力,才能保证溶液再生,溶液温度和浓度是影响溶液表面的水蒸气分压力的主要因素。因此,再生过程通常利用外部热源提高溶液温度,使溶液表面的水蒸气分压力升高并在再生填料塔中与再生空气接触来完成。

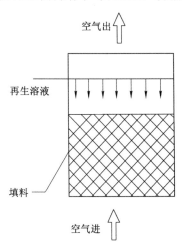

图 3.6 常见的空气式溶液再生器的结构示意图

在本再生装置中,主要由进风机、再生器均流板、喷淋器、再生液槽顺次连接。除湿液槽流出的除湿溶液于再生过程中,经过冷凝器流出的高温、低浓度溶液流入喷淋器,并且对回风流进行喷淋,这时溶液和风流接触并带走溶液中的水分,使得溶液浓度升高流入再生液槽中,以供循环使用,而风流则经由风筒排出。

3.3 除湿降温评价指标

矿井降温的主要目的,就是为工人创造一个良好的工作环境,提高工作效率,降低因矿井热害引起的人身伤害和财产损失。也就是说,矿井降温技术,首先要保障的就是工人对所处热环境的满意度,即矿工的热舒适性。可用热舒适性指标对热害矿井的除湿降温技术的效果进行评价[14]。

随着开采深度的增加,矿井热害越来越严重,使矿工原本就不佳的工作环境更加恶劣。矿工的热舒适性直接影响着工人的生理、心理状态以及工作效率。对矿工热舒适性的了解和分析,可以为井下降温通风系统的设计提供参考,使降温系统更符合人体的实际需要,减少不必要的耗损,达到有效降温和节能的双重作用。自 20 世纪以来,人们便对热舒适性进行了不断研究,但由于影响热舒适性的因素和条件都十分复杂,为此业界经过了大量的实验并取得了一定的进展。

3.3.1 热舒适性的影响因素

3.3.1.1 室内热环境对热舒适性的影响

影响室内热舒适性的因素主要包括室内气温、空气湿度、室内风速和平均辐射温度等。

(1)室内气温

室内气温有相关规定,冬季室内气温应该在 16～22 ℃,夏季空调房的气温多规定为 24～28 ℃,并以此作为室内计算温度。室内实际温度则由房间内得热和失热、围护结构内表面的温度及通风等因素构成的热平衡所决定,设计者的任务就在于使实际温度达到室内计算温度。

(2)空气湿度

空气湿度通过直接影响人体表面的蒸发散热来影响人体的舒适感,一般认为最适宜的相对湿度为 50％～60％,在多数情况下,即气温在 16～25 ℃,相对湿度在 40％～70％范围内变化,对人体热感觉影响不大。

如湿度过低,人会感到干燥,呼吸器官不适,人的免疫系统也会受到伤害导致对疾病的抵抗力大大降低甚至丧失。若是湿度过高,不仅影响人体舒适度,还有可能使人患上呼吸道及消化道疾病,室内环境湿度过大有利于细菌、霉菌等其他微生物的繁衍。

（3）室内风速

室内空气的流动有助于室内空气的更新，又在一定程度上加快了人体的对流散热和蒸发散热，使人感觉到凉爽。当室内空气流动性较低时，环境中的空气不能得到有效更换，各种有害化学物质滞留室内环境，从而造成室内空气质量恶化。另外，由于室内风流流速小，人们生活中所排出的各种微生物大量增生，引起室内空气质量的进一步恶化。当室内空气流动性高时，空气更换及时，各种有害化学物质及微生物迅速排送至室外，空气质量比较好，风速大有利于人体散热、散湿，可以提高人体的热舒适度。但风速过大时，会导致有吹风感，有不舒适的感觉，影响正常的工作和生活。

风速在一定程度上可以补偿环境温度的升高，从节能角度考虑，用增大空气流动速度来补偿温度的升高有重大意义。可以通过保证室内人员所处的位置有合适的气流速度，房间维持在现有空调状况下的舒适温度，从而降低空调的冷负荷及设备容量，节约能量，减少运行费用。

（4）平均辐射温度

平均辐射温度取决于空间周围表面温度，在实际的生产、生活环境中，空气温度和平均辐射温度并不总是相同的，常常会遇到机体某一部分受冷和受热的情况，所以研究平均辐射温度相对于空气温度的偏差以及不对称受热或散热对人体生理的影响，确定其允许限值是很重要的[15]。平均辐射温度的计算式为：

$$T_{mrt} = \frac{A_1 T_1 + A_2 T_2 + \cdots + A_n T_n}{A_1 + A_2 + \cdots + A_n} \qquad (3.1)$$

式中　　$T_1, T_2, \cdots, T_n$——室内各表面温度，℃；

　　　　$A_1, A_2, \cdots, A_n$——室内各表面面积，m^2。

3.3.1.2　矿井热环境对热舒适性的影响

矿井热环境同样受到温度、湿度、风流速度以及环境平均辐射温度的影响，但与室内热环境影响因素相比，有所不同。

矿井热环境中的温度一般很高，随着矿井的深入地下，受地热影响越来越严重，许多 500 m 以下矿井最高温度达到 40 ℃，严重影响矿工的健康和工作效率。

而湿度对舒适度同样产生了很大的影响，井下湿度很大，据调查资料显示，平均湿度在 90% 以上，井下干球温度和湿球温度相差极大。另外，矿工的劳动强度属于中等偏上，高湿度导致人体散热的困难，再加上井下的高温，对矿工的身体造成极大的负荷，当温度超过 30 ℃时便会有明显的不适。

矿井风流速度因所在位置的不同而改变，在工作面风流速度一般为 3 m/s，且保持不变，而矿井中，平均辐射温度主要取决于围岩的传热，随着开采深度的增加而增大。

3.3.2　矿工热舒适评价指标

煤矿中工作面的相对湿度一般在90％以上,风流流速比较稳定,平均辐射温度随着围岩温度的变化而变化,我们可以针对矿井热环境的特点,借鉴建筑环境的热舒适性评价方法,提出矿井环境的热舒适评价方法。

热舒适性指标是反映热环境物理量及人体有关因素对人体热舒适的综合作用的指标。影响人体热舒适的因素很多,其中空气温度、平均辐射温度、相对湿度、气流速度等四个环境变量与人体活动量、衣着两个人体变量是主要因素。将其中几个或全部变量综合成单一定量参数对热环境评价,用以预测人的主观热感觉。常见的热舒适性指标有卡他冷却能力,ET(有效温度),ET＊(新有效温度),SET(标准有效温度),PMV(平均预测反应)及PPD(预测不满意百分数)等。

(1) 卡他冷却能力

Leonard Hiss 提出的以大温包温度计的热损失量为基础的指标。卡他温度计由一根长为40 mm,直径为20 mm 的圆柱形大温包的酒精玻璃温度计组成,杆上有38 ℃和35 ℃两条标线,使用时将温度计加热到酒精柱高于38 ℃这一刻度,然后挂于流动的空气中,测量其降到35 ℃所需要的时间[16]。根据时间和温度计配有的校正系数计算环境的"冷却能力"。该指数综合了平均辐射温度、空气温度、空气流速的影响,但没有考虑湿度的影响。

(2) 有效温度

为了解湿度对舒适性方面的影响,1923 年美国采暖通风协会推出了一个室内温、湿度和风速在一定情况下的综合指标,即有效温度指标。其定义为:这是一个将干球温度、湿度、空气流速对人体温暖感或冷感的影响综合成一个单一数值的任一指标。它在数值上等于产生相同感觉的静止饱和空气的温度。

等效温度用风速为0 m/s,相对湿度为100％的条件下使人产生某种热感觉的温度,来代表不同风速、温度及相对湿度下使人产生同一的热感觉。该指标综合考虑了干球温度、湿球温度和风速三个因素的影响,等效温度的确定,一般是利用等效温度图,干球温度和湿球温度的连线与等风速线的交点,即为等效温度[17](图3.7)。

为了综合热辐射的影响也可以用黑球温度代替空气温度,相应得出修正有效温度。有效温度曾在很多热环境规范中引用,是早期指标中最值得注意的指标,不但得到普遍的承认,还有大量的实验数据。

(3) 新有效温度

新有效温度以皮肤湿度变化为基础,能够反映环境的干球温度、平均辐射温度、湿度对人体热交换的综合作用。人在不同湿度的实验环境中达到热平衡以

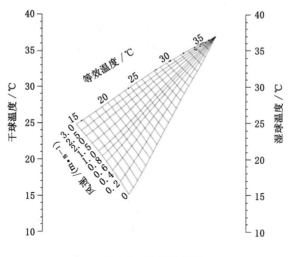

图 3.7　等效温度图

后与相对湿度为 50% 的均匀温度空间的辐射、对流、蒸发的换热量相同时,均匀空气的温度值即为新有效温度值[18]。该指标同时考虑了辐射、对流和蒸发三种因素的影响,因而受到了广泛的采用。图 3.8 所示为新有效温度曲线。

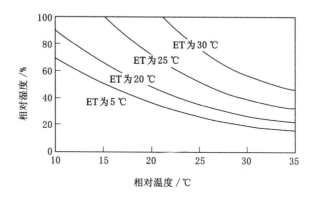

图 3.8　新有效温度曲线

（4）标准有效温度

标准有效温度定义为某个空气温度等于平均辐射温度的等温环境中的温度,其相对湿度为 50%,静风状态,在该环境中身着标准热阻服装的人若与他在实际服装热阻条件下的平均皮肤温度 T_{sk} 和皮肤湿润度 ω 相同时,则必将具有相同的热损失。

标准有效温度采用平均皮肤温度和皮肤湿润度来确定某个人的热状态。因此确定某一状态的标准有效温度需分两步进行,先是通过实测求出一个人的皮肤温度和皮肤湿润度,接着通过对人体的传热分析,求出产生相同皮肤温度和湿润度值的标准环境温度[18]。

标准有效温度是比较全面的一种指标,能够应对不同衣着条件、活动量和环境变量的情况。但标准有效温度指标很复杂,计算皮肤温度和皮肤湿润度需用到计算机,因此并未得到广泛的应用。

(5) 平均预测反应及预测不满意百分数

平均预测反应是一个表征人体热反应的评价指标,代表了同一环境中大多数人的冷热感的平均值。但是人与人之间存在生理差异,该指标不能代表所有人的感觉,因此科学家又提出了预测不满意百分数来表示人群对热环境的不满意程度,并用概率分析方法给出了两者之间的定量关系。Fanger 教授根据大量的 PMV 指标统计了大量的数据绘制成表格,由这些数据推演出 PPD 指标,两者合称 PMV-PPD 评价指标。

该指标从主观、客观方面比较全面地反映了建筑环境中热舒适性情况,是迄今为止最全面的评价热环境的指标,并大量用于建筑等热舒适性评价方面。

PMV-PPD 热舒适模型是人体体温调节最早的数学模型,该模型提出的指标表示大多数人对热环境的平均投票值,并采用七级分级法,每一个等级的代表意义如表 3.3 所示。

表 3.3　PMV-PPD 指标

PMV 值	+3	+2	+1	0	−1	−2	−3
预测热感觉	热	暖	稍暖	舒适	稍凉	凉	冷

PMV 值为 0 时意味着室内热环境为最佳热舒适状态。Fanger 提出在 −1 和 +1 级之间的全部评价都定为满意,高于或低于此限值的全部评价为不满意。PMV 指数是根据人体热平衡计算的,可通过估算人体活动的代谢率及服装的隔热值获得,同时还需有空气温度、平均辐射温度、相对空气流速及空气湿度等环境参数。

而 PPD 作为对环境的不满意百分数,ISO 7730 对 PMV 的推荐值为:PMV 值在 −0.5～+0.5 之间,PPD 的值≤10%,即允许有 10% 的人不满意。

由于 PMV 指标的提出是在稳定条件下利用热舒适方程导出的,因此,在接近热舒适的条件下其结果比较可靠,而在恶劣的环境下则会产生较大的误差。

两者之间的关系如图 3.9 所示。

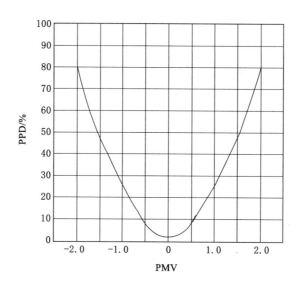

图 3.9　PMV 与 PPD 的关系图

以上对现有的几个热舒适指标进行了简单的介绍,现对其进行比较,结果如表 3.4 所示。

表 3.4　热舒适指标对比

热舒适指标	评价精准度	优点	缺点	适用范围
卡他冷却能力	中	指标简单易建	未考虑湿度影响	湿度小的环境
有效温度	良	考虑湿度影响,且有大量的实验数据	对低温情况下湿度的影响因素估计偏高	高温、高湿环境
新有效温度	良	建立在有效温度基础上,同时考虑辐射、对流和蒸发的影响	考虑因素较多,指标不易构建	湿度大的环境
标准有效温度	良	比较全面,适应各种衣着条件、活动量和环境变量的情况	比较复杂,需计算机来计算皮肤温度和皮肤湿润度,通用性差	大多数环境
平均预测反应	良	全面反映热舒适性,并在建筑等热舒适性评价中应用	接近舒适时可靠,环境恶劣时误差较大	绝大多数环境

以上各种评价指标,往往基于不同目的而被提出来的,各国以及各机构推荐

使用的指标也不尽相同,通常针对不同的情况选择合适的评价指标。在热害矿井高温、高湿的环境中,结合现有实际条件,选用等效温度作为评价指标。因为掘进巷道中,湿度比较大,不考虑卡他冷却能力,且影响人体热舒适的主要因素是空气温度、相对湿度及气流速度,平均辐射温度的影响较小,暂不考虑。等效温度指标足以反映高温、高湿环境下矿工的热舒适性,且相对于其他指标而言,评价精准度较高,实际应用数据容易获取,热舒适评价模型较易构建。

4　除湿降温系统性能实验

4.1　溶液除湿恢复系统实验装置

实验除湿塔采用叉流式,即溶液自上而下流过填料,风从侧面通过填料。实验中填料尺寸:长×宽×高为 600 mm×200 mm×400 mm,实验叉流模型如图 4.1所示。

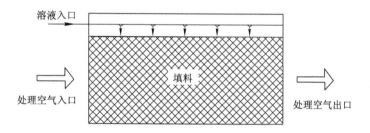

图 4.1　除湿实验叉流式填料塔

实验建立的除湿恢复系统主要由除湿系统、热泵、恢复系统、溶液箱、水泵及相关管路等组成。氯化钙溶液实验除湿原理图如图 4.2所示。

实验中采用热泵提供冷热源,热泵实质上是一种热量提升装置,它本身消耗一部分能量,把环境介质中贮存的能量加以挖掘,提高温位进行利用。实验中采用水源热泵,通过消耗一部分电能,将除湿系统溶液箱中的溶液能量"搬运"到恢复系统溶液箱溶液中,从而除湿系统溶液箱中的溶液温度变低,恢复系统溶液箱中的溶液温度变高,节约成本。除湿部分由水泵 14 将溶液抽出送入热泵冷冻水入口,然后在热泵中进行换热,低温溶液在冷冻水出口处流出,送入除湿系统中进行喷淋,喷淋完后的溶液由水泵 13 送回溶液箱中。与此同时,恢复部分由水泵 22 将溶液从溶液箱中抽出送入热泵冷却水入口,经热泵换热后在冷却水出口处流出来的高温溶液在恢复系统中进行喷淋再生,再生完成后由水泵 23 抽回恢复系统溶液箱中。除湿部分溶液箱与恢复部分溶液箱之间用管路相连通,组成

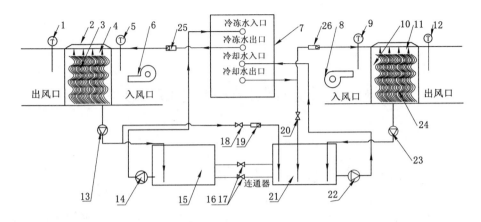

1,5,9,12—温、湿度传感器;2—除湿器;3,24—湿帘;4,11—喷液器;6,8—风机;7—热泵;
10—恢复器;13,14,22,23—水泵;15,21—溶液箱;16,17,18,20—直通阀;19,25,26—流量计。

图 4.2　溶液除湿恢复系统原理图

连通系统(连通系统里装同一种液体且不流动时,各系统中直接与大气接触的液面总是保持同一高度),两端溶液箱中的溶液浓度随着实验系统进行将有差值,除湿系统处溶液浓度越来越低,恢复系统处溶液浓度越来越高,除湿溶液分子可以通过连通系统从恢复系统溶液箱进入除湿系统溶液箱中,以保证两侧溶液浓度达到动态平衡。水泵 13 将部分喷淋后的溶液送入溶液箱 21 中,用于平衡冷热量,使热泵冷水端出口与热水端出口温度保持不变,保证系统的正常运行。实验中通过温度计、流量计测量空气和溶液温度、流量等。

4.2　除湿恢复效果影响因素实验研究

4.2.1　除湿效果影响因素实验研究

结合井下工作面具体工况,为了获得理想的除湿降温效果,首先要研究除湿系统的影响因素,从而选取合适的入口参数对空气进行除湿降温。实验采用的入口工况及除湿系统参数为:混合除湿溶液的入口浓度为 35%;溶液入口温度为 18 ℃(变化范围:16~26 ℃);空气入口温度为 28.2 ℃(变化范围:25~34 ℃);空气入口含湿量为 17 g/kg(变化范围:14~19 g/kg);空气质量流量为 0.4 kg/s;溶液质量流量为 0.65 kg/s;实验中分别改变空气和溶液的入口参数,测试除湿系统的传热、传质性能。实验中测试了大量数据,截取部分具有代表性的除湿恢复数据进行除湿溶液性能分析。

4.2.1.1 空气入口含湿量的影响

图 4.3 和图 4.4 中模拟工况参数为：入口空气质量流量为 0.45 kg/s，空气温度为 28.2 ℃，溶液质量流量为 0.65 kg/s，溶液温度为 18 ℃，溶液浓度为 40%，空气含湿量为 14～19 g/kg。相关数据如表 4.1 所示。

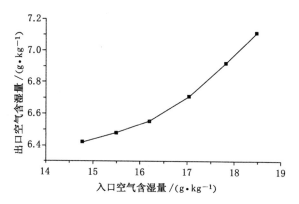

图 4.3　出口空气含湿量随入口空气含湿量变化图

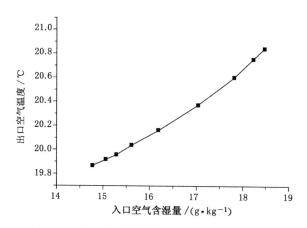

图 4.4　出口空气温度随入口空气含湿量变化图

表 4.1　入口空气含湿量变化表

入口空气含湿量/(g·kg⁻¹)	14.775	15.490	16.186	17.037	17.814	18.470
出口空气含湿量/(g·kg⁻¹)	6.42	6.48	6.55	6.71	6.92	7.11
出口空气温度/℃	19.87	19.94	20.15	20.36	20.58	20.85
除湿量/(g·s⁻¹)	3.759 75	4.054 5	4.336 2	4.647 15	4.902 3	5.112
除湿效率	0.721 81	0.733 11	0.742 02	0.746 33	0.745 44	0.743 94

图 4.3 和图 4.4 反映了除湿系统的出口空气含湿量和温度随着入口空气含湿量变化的情况。由于入口空气含湿量增加,即空气的水蒸气分压力增大,而溶液的入口水蒸气分压力不变,空气与溶液的水蒸气分压力差增大,空气和溶液之间的传质推动力增强,传质系数增大,则被除去的水蒸气量增加,除湿量增大,但是入口空气含湿量也在增加,故呈现的趋势为出口空气含湿量仍然增加;空气中水蒸气由于凝结释放出相变潜热,入口空气含湿量越大,被除去的水蒸气量越多,释放出的热量越大,则出口空气温度升高。

4.2.1.2 入口空气温度的影响

图 4.5 和图 4.6 中模拟工况参数为:入口空气质量流量为 0.45 kg/s,空气含湿量为 17 g/kg,溶液质量流量为 0.65 kg/s,溶液温度为 18 ℃,溶液浓度为 40%,入口空气温度为 25~33 ℃。相关数据如表 4.2 所示。

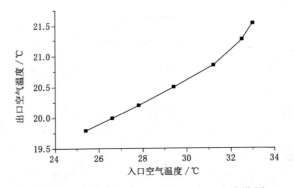

图 4.5　出口空气温度随入口空气温度变化图

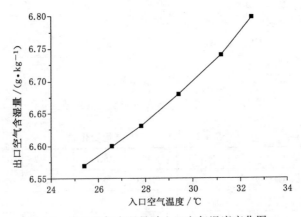

图 4.6　出口空气含湿量随入口空气温度变化图

表 4.2　入口空气温度变化表

入口空气温度/℃	25.4	26.6	27.8	29.4	31.2	32.5	33.0
出口空气温度/℃	19.8	20.0	20.2	20.5	20.8	21.25	21.5
出口空气含湿量/(g·kg⁻¹)	6.57	6.60	6.63	6.68	6.74	6.80	6.90
除湿量/(g·s⁻¹)	4.693 0	4.680 0	4.666 5	4.644 0	4.617 0	4.590 0	—
除湿效率	0.756 0	0.753 0	0.751 4	0.747 8	0.743 4	0.739 1	—

图 4.5 和图 4.6 反映了除湿系统的出口空气温度和含湿量随入口空气温度的变化情况。由图可看出入口空气温度升高,出口空气温度和含湿量均升高。气液交换包括传热和传质两方面,由于入口空气温度升高,则空气与溶液的传热增加,而传质相对减弱,水蒸气凝结减少,除湿量减少,出口空气含湿量因此增大,但增幅较小;空气由于水蒸气凝结放出潜热减少,空气吸收热量会相对减少,但其自身的进口温度增加,因此总体呈现出出口空气温度升高的结果。

4.2.1.3　入口溶液温度的影响

图 4.7 和图 4.8 中模拟工况参数为:入口空气质量流量为 0.45 kg/s,空气温度为 28.2 ℃,溶液质量流量为 0.65 kg/s,溶液浓度为 40%,空气含湿量为 17 g/kg,溶液温度为 16~26 ℃。相关数据如表 4.3 所示。

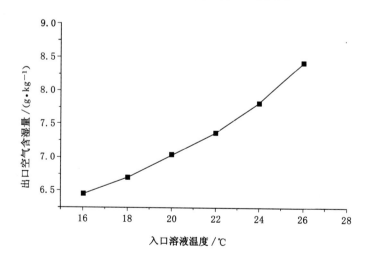

图 4.7　出口空气含湿量随入口溶液温度变化图

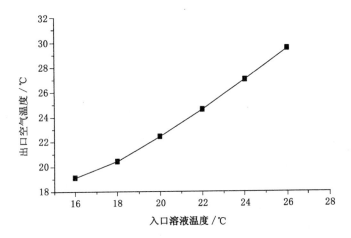

图 4.8　出口空气温度随入口溶液温度变化图

表 4.3　入口溶液温度变化表

入口溶液温度变化/℃	16	18	20	22	24	26
出口空气含湿量/(g·kg^{-1})	6.45	6.70	7.04	7.37	7.82	8.42
出口空气温度/℃	19.15	20.48	22.53	24.64	27.02	29.51
除湿量/(g·s^{-1})	4.747 5	4.635 0	4.482 0	4.333 5	4.131 0	3.861 0
除湿效率	0.764 49	0.746 37	0.721 73	0.697 82	0.665 21	0.621 73

图 4.7 和图 4.8 分别反映了出口空气含湿量和温度随入口溶液温度变化的趋势图。随着溶液温度的升高,溶液表面的水蒸气分压力增大,而入口空气含湿量不变,气液推动力减小,传质减弱,除湿量降低,空气出口含湿量增加;而溶液温度升高,与空气的换热则增强,由于传质减弱放出的水蒸气凝结热减少,空气温度应有所降低,但空气与溶液的换热加强使得空气温度增加明显,因此呈现出出口空气温度随溶液温度的增大而增大的效果。

4.2.2　除湿系统性能评价分析

上一小节分析了入口空气和溶液参数对除湿系统出口参数的影响,但是整个除湿系统的除湿性能更值得研究。衡量除湿系统性能的参数主要有两个,分别是除湿量和除湿效率。

除湿量是指在液体除湿系统中空气被吸收的水蒸气量。其计算公式如下:

$$W = m_a(d_{a,in} - d_{a,out}) \tag{4.1}$$

式中　W——除湿量,g/s;

　　　m_a——空气流量,kg/s;

$d_{a,in}$，$d_{a,out}$——进、出口空气含湿量，g/kg。

除湿效率是指除湿过程中实际上被吸收的水蒸气量与理论上能被吸收的最大蒸汽量的比值，实际上也是理论与实际蒸汽压之间的比值，它表示了除湿过程进行的充分程度。其计算公式如下：

$$\eta = \frac{d_{a,in} - d_{a,out}}{d_{a,in} - d_s} = \frac{p_{a,in} - p_{a,out}}{p_{a,in} - p_s} \tag{4.2}$$

式中　η——除湿效率；

d_s——与入口溶液相平衡的空气状态的含湿量，g/kg；

$d_{a,in}$，$d_{a,out}$——进、出口空气含湿量，g/kg；

$p_{a,in}$，$p_{a,out}$——进、出口溶液的表面水蒸气分压力，Pa；

p_s——入口溶液的表面水蒸气分压力，Pa。

4.2.2.1　入口空气含湿量对除湿性能的影响

图4.9和图4.10中模拟工况参数为：入口空气质量流量为0.45 kg/s，空气温度为28.2 ℃，溶液质量流量为0.65 kg/s，溶液温度为18 ℃，溶液浓度为40%，空气含湿量为14~19 g/kg。根据式(4.1)、式(4.2)计算出的除湿量、除湿效率值见表4.1。

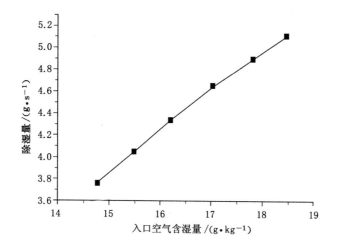

图4.9　除湿量随入口空气含湿量变化图

由图4.9和图4.10可知，入口空气含湿量增加，除湿量增大，除湿效率先略有增加后呈下降趋势。入口空气含湿量增加，而溶液入口表面含湿量不变，则气液之间的传质驱动力增大，虽然出口空气含湿量有所增大，但进、出口空气含湿量差值变大，导致溶液除湿量的增加。对于除湿效率，虽然进、出口空气含湿量

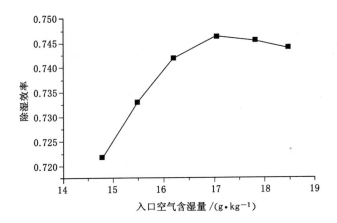

图 4.10　除湿效率随入口空气含湿量变化图

差值变大,但进口空气的含湿量也在增加,由除湿效率公式可以看出分子、分母均在变大,结果显示除湿效率先增加后降低,说明建立的除湿系统某一空气温度下的除湿有最佳空气含湿量。

4.2.2.2　入口空气温度对除湿性能的影响

图 4.11 和图 4.12 中模拟工况参数为:入口空气质量流量为 0.45 kg/s,空气含湿量为 17 g/kg,溶液质量流量为 0.65 kg/s,溶液温度为 18 ℃,溶液浓度为 40%,空气入口温度为 25～33 ℃。根据式(4.1)、式(4.2)计算出的除湿量、除湿效率值见表 4.2。

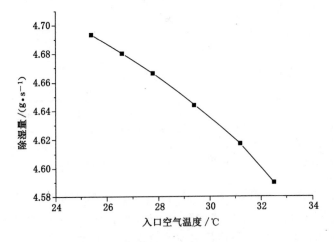

图 4.11　除湿量随入口空气温度变化图

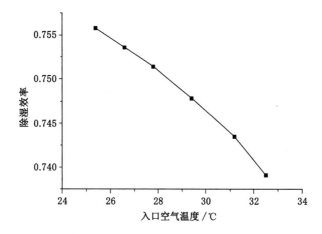

图 4.12　除湿效率随入口空气温度变化图

由图 4.11 和图 4.12 可知,除湿系统的除湿量和除湿效率均随着入口空气温度升高而降低。入口空气含湿量不变,空气温度升高,传热增加,促使溶液温度升高,溶液的表面水蒸气分压力增大,传质减弱,除湿量减少,不利于空气除湿;对于除湿效率而言,分子进、出口空气含湿量差值变小,分母不变,则除湿效率降低。

4.2.2.3　入口溶液温度对除湿性能的影响

图 4.13 和图 4.14 中模拟工况参数为:入口空气质量流量为 0.45 kg/s,空气温度为 28.2 ℃,溶液质量流量为 0.65 kg/s,溶液浓度为 40%,空气含湿量为 17 g/kg,溶液温度为 16～26 ℃。根据式(4.1)、式(4.2)计算出的除湿量、除湿效率值见表 4.3。

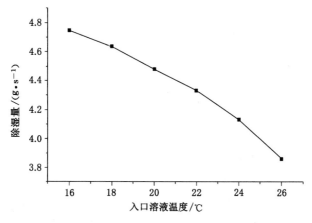

图 4.13　除湿量随入口溶液温度变化图

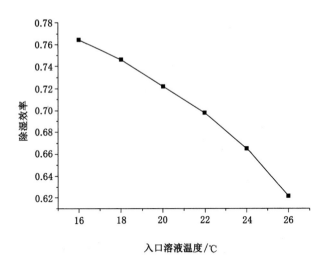

图 4.14　除湿效率随入口溶液温度变化图

由图 4.13 和图 4.14 可知,除湿系统的除湿量和除湿效率均随入口溶液温度的升高而降低。溶液温度升高,导致溶液表面与空气表面相平衡的含湿量也会增加,传质能力减弱,除湿能力降低,则除湿量减少;入口空气含湿量不变,出口空气的含湿量增加,由公式(4.2)得知分子减少,入口溶液含湿量增加,分母减少,但分子减少趋势大于分母,所以总体表现为除湿效率降低。

4.2.3　再生过程影响因素实验研究

溶液再生过程对溶液再利用、系统整体性能具有重要作用。再生实验采用的入口工况及恢复参数为:入口氯化钙溶液浓度为 38%;入口空气质量流量为 0.4 kg/s,溶液质量流量为 0.65 kg/s,入口溶液温度为 50 ℃(变化范围:40～52 ℃);入口空气温度为 28 ℃(变化范围:25～32 ℃);入口空气含湿量为 18 g/kg(变化范围:12～22 g/kg)。

4.2.3.1　入口空气含湿量的影响

图 4.15 和图 4.16 中模拟工况参数为:入口空气质量流量为 0.4 kg/s,空气温度为 28 ℃,溶液质量流量为 0.65 kg/s,溶液温度为 48 ℃,溶液浓度为 38%,空气含湿量为 12～22 g/kg。相关数据如表 4.4 所示。

图 4.15 和图 4.16 分别反映了出口空气含湿量和温度随着入口空气含湿量增加变化的情况。随着入口空气含湿量的增加,溶液表面的含湿量与空气的含湿量差值减小,传质驱动力减弱,故而再生量减小,出口空气含湿量呈下降趋势;由于传质减弱,再生量减少,水蒸气汽化潜热降低,吸热量变弱,溶液温度降低较少,但出口空气温度变高。

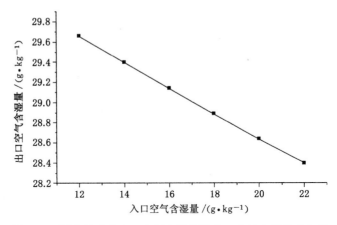

图 4.15　再生过程中出口空气含湿量随入口空气含湿量变化图

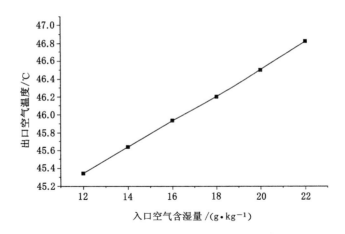

图 4.16　再生过程中出口空气温度随入口空气含湿量变化图

表 4.4　再生过程中入口空气含湿量变化表

入口空气含湿量/(g·kg⁻¹)	12	14	16	18	20	22
出口空气温度/℃	45.34	45.67	45.93	46.20	46.50	46.82
出口空气含湿量/(g·kg⁻¹)	29.66	29.40	29.14	28.89	28.64	28.40
再生量/(g·kg⁻¹)	7.064	6.160	5.256	4.356	3.456	2.560
再生效率	0.956 9	0.869 3	0.741 7	0.614 7	0.487 7	0.361 2

4.2.3.2　入口空气温度的影响

图 4.17 和图 4.18 中模拟工况参数为:入口空气质量流量为 0.4 kg/s,空气

含湿量为 18 g/kg,溶液质量流量为 0.65 kg/s,溶液温度为 50 ℃,溶液浓度为 38%,入口空气温度为 25~32 ℃。相关数据如表 4.5 所示。

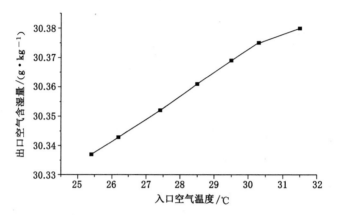

图 4.17　再生过程中出口空气含湿量随入口空气温度变化图

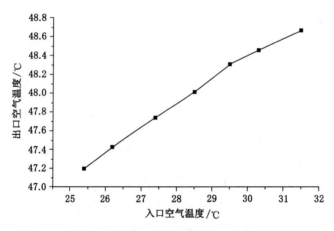

图 4.18　再生过程中出口空气温度随入口空气温度变化图

表 4.5　再生过程中入口空气温度变化表

入口空气温度/℃	25.4	26.2	27.4	28.5	29.5	30.3	31.5
出口空气温度/℃	47.20	47.43	47.74	48.02	48.31	48.46	48.67
出口空气含湿量/(g·kg⁻¹)	30.337	30.343	30.352	30.361	30.369	30.375	30.380
再生量/(g·kg⁻¹)	4.934 8	4.937 2	4.940 8	4.944 4	4.947 6	4.950 0	4.952 0
再生效率	0.696 4	0.696 7	0.697 2	0.697 7	0.698 2	0.698 5	0.698 8

　　图 4.17 和图 4.18 反映了出口空气含湿量和温度随着入口空气温度增加变

化的情况。因为空气温度增加,含湿量不变,溶液与空气之间的传热增加,溶液的温度因空气温度的升高而升高。由于溶液温度升高,则溶液表面的水蒸气分压力升高,空气分压力不变,则传质驱动力增强,再生水量加大,出口空气含湿量增加;传质增强,则空气释放更多潜热,空气温度应该降低,但是更多潜热的释放是因前面空气温度升高导致溶液温度的升高而引起的,故双重作用之下结果表现为出口空气温度升高。

4.2.3.3　入口溶液温度的影响

图 4.19 和图 4.20 中模拟工况参数为:入口空气质量流量为 0.4 kg/s,空气温度为 28 ℃,溶液质量流量为 0.65 kg/s,空气含湿量为 18 g/kg,溶液浓度为 38%,入口溶液温度为 40~52 ℃。相关数据如表 4.6 所示。

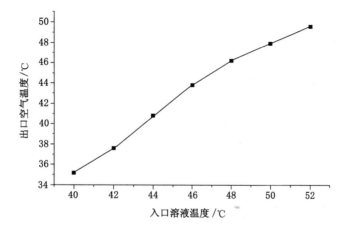

图 4.19　再生过程中出口空气温度随入口溶液温度变化图

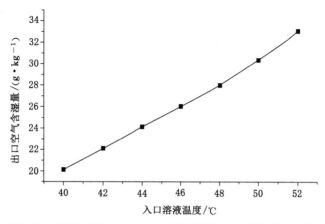

图 4.20　再生过程中出口空气含湿量随入口溶液温度变化图

表 4.6　再生过程中入口溶液温度变化表

入口溶液温度/℃	40	42	44	46	48	50	52
出口空气温度/℃	35.2	37.6	40.8	43.8	46.2	47.9	49.6
出口空气含湿量/$(g \cdot kg^{-1})$	20.130	22.140	24.150	26.020	27.810	30.363	33.047
再生量/$(g \cdot kg^{-1})$	0.852	1.760	2.740	3.480	4.356	4.945	6.019
再生效率	0.151 2	0.312 4	0.386 6	0.491 1	0.614 7	0.697 8	0.849 3

图 4.19 和图 4.20 反映了出口空气温度和含湿量随着入口溶液温度变化的情况。随着入口溶液温度升高,溶液表面的蒸汽压随温度增加而增加,溶液表面蒸汽压提高,则气液传质系数增大,再生量增加,溶液释放出的潜热随之增加,空气温度应该降低,但因为入口溶液温度增加,故在二者的双重影响下表现出空气温度仍然提高;传质能力增加,再生量增加,则出口空气含湿量增加,利于再生。

4.2.4　再生系统性能评价分析

评价再生系统性能的优劣同样也有两个指标:一个是再生量,另一个是再生效率。

再生量是溶液浓缩前后含水量差值,是衡量再生性能的重要参数,它也可以用空气进、出再生系统前后含湿量差来表示:

$$m_w = m_a(d_{a,out} - d_{a,in}) \tag{4.3}$$

式中　m_a——再生系统中空气的质量流量,kg/s。

再生效率即空气处理的过程中水蒸气凝结所产生的热量与进、出口溶液所提供的能量之比,关系式如下:

$$\eta = \frac{m_w \cdot r}{m_s c_{p,s}(t_{s,in} - t_{s,out})} \tag{4.4}$$

式中　r——水蒸气的汽化潜热,kJ/kg;

　　　m_s——溶液的质量流量,kg/s;

　　　$c_{p,s}$——溶液的比热容,kJ/(kg·K);

　　　$t_{s,in},t_{s,out}$——进、出口溶液温度,℃。

4.2.4.1　入口空气含湿量对再生性能的影响

图 4.21 和图 4.22 中模拟工况参数为:入口空气质量流量为 0.4 kg/s,空气温度为 28 ℃,溶液质量流量为 0.65 kg/s,溶液温度为 48 ℃,溶液浓度为 38%,空气含湿量为 14~22 g/kg。根据式(4.3)、式(4.4)计算出的再生量、再生效率值见表 4.4。

图 4.21 和图 4.22 反映了再生量和再生效率随入口空气含湿量的增加而降低。随着入口空气含湿量的增加,溶液与空气之间的含湿量差减小,气液传质驱

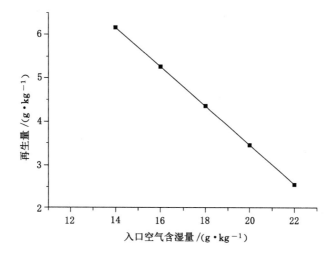

图 4.21   再生量随入口空气含湿量变化图

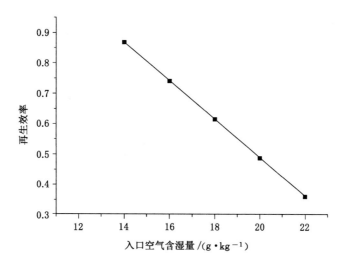

图 4.22   再生效率随入口空气含湿量变化图

动力减弱,则再生量减少;溶液释放出来的热量减少,出口溶液温度升高,进口溶液温度不变,进而进、出口溶液温差减小,但因水蒸气蒸发吸收的热量,并非全部来自溶液的显热交换,空气也与溶液有热交换,分子的降幅远大于分母的降幅,故再生效率减小。

4.2.4.2   入口空气温度对再生性能的影响

图 4.23 和图 4.24 中模拟工况参数为:入口空气质量流量为 0.4 kg/s,空气

含湿量为 18 g/kg,溶液质量流量为 0.65 kg/s,溶液温度为 50 ℃,溶液浓度为 38%,空气入口温度为 25~32 ℃。根据式(4.3)、式(4.4)计算出的再生量、再生效率值见表 4.5。

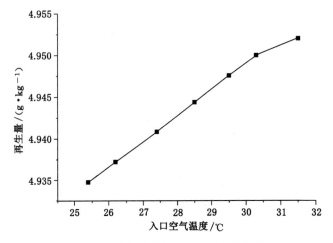

图 4.23 再生量随入口空气温度变化图

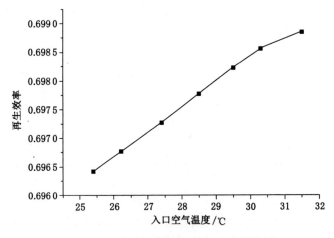

图 4.24 再生效率随入口空气温度变化图

由图 4.23 和图 4.24 可以看出,再生量和再生效率随入口空气温度升高呈增大趋势,但幅度很小。入口空气温度升高时,传热增强,溶液与空气进行热交换,随着空气温度的升高,溶液温度升高,其表面的水蒸气分压力随之增大,传质能力增强,进而再生量增大;再生效率方面,再生量增大,促使溶液温度略降低,但由于入口空气温度升高,仍然表现为出口溶液温度升高,入口溶液温度不变,则进、出口的温差减小,再生量增大,故除湿效率逐渐增加。

4.2.4.3　入口溶液温度对性能的影响

图 4.25 和图 4.26 中模拟工况参数为:入口空气质量流量为 0.4 kg/s,空气温度为 28 ℃,溶液质量流量为 0.65 kg/s,空气含湿量为 18 g/kg,溶液浓度为 38%,入口溶液温度为 40~52 ℃。根据式(4.3)、式(4.4)计算出的再生量、再生效率值见表 4.6。

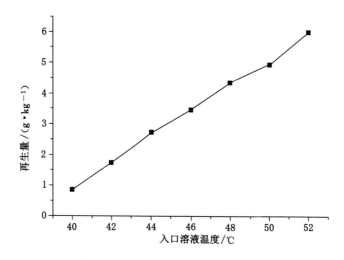

图 4.25　再生量随入口溶液温度变化图

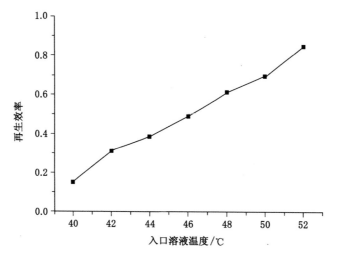

图 4.26　再生效率随入口溶液温度变化图

由图 4.25 和图 4.26 可知,再生量和再生效率随入口溶液温度升高而增加。当溶液温度升高时,由于溶液温度与溶液表面水蒸气分压力成正比,则溶液表面与空气之间的水蒸气分压力差值增大,气液传质能力提高,故再生量增加;再生量增加,溶液释放的潜热会增加,出口溶液温度应该降低,但由于入口溶液温度是升高的,故整体表现为出口溶液温度仍然增加,但增加幅度要降低,而再生量一直增加,故分子比分母增长得快,则除湿效率增大。图中可以看出,溶液温度对再生量和再生效率影响显著,溶液温度越高,再生性能越好。

5 高温、高湿环境除湿溶液的研制

5.1 溶液除湿的原理及选择原则

5.1.1 溶液除湿的基本原理

溶液除湿方法是采用具有吸湿性能的盐溶液作为吸收剂,如溴化锂溶液、氯化锂溶液、氯化钙溶液等,盐溶液与被处理空气直接接触,由于吸湿盐溶液表面的水蒸气分压力与被处理空气的水蒸气分压力间存在压差,驱动了水分在空气和吸湿溶液间传递,从而实现对空气的湿度处理。当溶液的表面水蒸气分压力低于空气的水蒸气分压力时,空气中的水分向溶液传递,空气被除湿;反之,溶液中的水分将向空气传递,溶液将变为浓度更高的溶液。

溶液的表面水蒸气分压力越低,在相同的处理条件下,溶液的除湿能力越强,被处理空气能达到越低的湿度。而具有较强吸湿能力的浓溶液经过除湿过程后,吸收了水分,除湿能力降低,为了循环使用溶液,需要对溶液进行浓缩再生,使溶液中的水分再排出到空气中。除湿过程和再生过程是溶液调湿空调系统的两个核心环节,在除湿过程中,需要降低溶液的表面水蒸气分压力;而在再生过程中,需要提高溶液的表面水蒸气分压力。

5.1.2 溶液除湿剂的选择原则

由于溶液的除湿和再生过程均依赖于溶液的表面水蒸气分压力,因此溶液除湿剂的物理、化学性质是决定除湿/再生过程能否进行以及进行效率的根源。

除湿溶液应具有以下一些特性:

① 溶液的表面水蒸气分压力和空气的水蒸气分压力具有可比性。溶液在较高的浓度、较低的温度条件下,表面水蒸气分压力尽可能低于空气的水蒸气分压力;溶液在较高的温度条件下,表面水蒸气分压力尽可能高于空气的水蒸气分压力。换言之,除湿能力强、容易再生的溶液才是优秀的除湿溶液。

② 溶液的比热容较大。因为在除湿过程中释放出的潜热量会使溶液温度升高,从而导致溶液表面水蒸气分压力升高,除湿能力下降。比热容越大,过程中温升越小,溶液表面水蒸气分压力的变化越小,除湿性能越稳定。

③ 溶液各浓度下的结晶温度较低。溶液浓度越高,吸水性能越强,但是高浓度的溶液容易出现结晶,会导致管路堵塞,结晶限制了能使用的溶液浓度的上限。

④ 溶液的密度和黏度较小。除湿溶液在系统内需要由泵输送,一般为开式系统,低密度和低黏度利于减小泵耗。

⑤ 溶液性质稳定,低挥发性,低腐蚀性,无毒性。溶液与空气直接接触除湿,因此溶液不能进入空气中,影响空气质量;具有腐蚀性是除湿盐溶液的缺点,因此需要通过加入缓蚀剂等手段抑制溶液的腐蚀性,或在系统中不使用金属器件。

⑥ 溶液的价格低廉,易获得。目前可用的除湿溶液主要分为有机溶液和无机溶液两大类。有机溶液为三甘醇、二甘醇等,无机溶液为溴化锂溶液、氯化锂溶液、氯化钙溶液等。三甘醇是最早用于溶液除湿系统的除湿剂,但由于它是有机溶剂,黏度较大,在系统中循环流动时容易发生停滞,黏附于空调系统的表面,影响系统的稳定工作,而且二甘醇、三甘醇等有机物质易挥发,容易进入工作场所,对人体造成危害,上述缺点限制了它们在溶液除湿系统中的应用,已经被金属卤盐溶液所取代。溴化锂、氯化锂、氯化钙等盐溶液虽然具有一定的腐蚀性,但塑料等防腐材料的使用,可以防止盐溶液对管道等设备的腐蚀,而且成本较低,另外盐溶液不会挥发到空气中污染室内空气,相反还具有除尘杀菌功能,有益于提高室内空气品质,所以盐溶液成为优选的除湿溶液。

溴化锂、氯化锂、氯化钙等盐溶液各有优缺点,如溴化锂溶液和氯化锂溶液除湿能力强但价格高,氯化钙溶液除湿能力弱但价格很低等。因此,针对矿井高温、高湿的环境,进行除湿溶液性能的实验研究,确定适合矿井除湿降温使用的性能更优、经济性能更高的新型溶液。

5.2 除湿盐溶液的物理特性

5.2.1 溴化锂溶液基本性质

溴化锂分子式为 LiBr,分子量为 86.85。无水溴化锂为白色立方晶系结晶体或粒状粉末,密度为 3.464 g/cm^3,熔点为 549 ℃,沸点为 1 265 ℃。易溶于水,能溶于甲醇、乙醇等。溴化锂水溶液为无色液体,有咸味,无毒,呈中性或微碱性。

溴化锂的结晶产物有冰点、五水合物、三水合物、二水合物和一水合物,每种结晶产物间都有明显的拐点。

溴化锂溶液在各温度下的结晶浓度如表 5.1 所示。

表 5.1　溴化锂溶液在各温度下的结晶浓度

结晶温度/℃	结晶浓度/%	结晶温度/℃	结晶浓度/%
−5	56.2	15	60.0
0	57.5	20	61.3
5	58.1	25	62.5
10	59.1	30	64.4

对于常用的吸湿盐溶液,溶质的沸点与水的沸点差异非常大。常压情况下,溴化锂和氯化锂的沸点均在 1 200 ℃以上,而水的沸点仅为 100 ℃,因而溶液的表面蒸汽压就近似等于水蒸气的分压力。当溶液与空气接触并达到平衡时,二者的温度与水蒸气分压力分别对应相等。溶液的等效含湿量 ω_e 等于与溶液状态相平衡的湿空气的含湿量,参见式(5.1),其中 B 和 p_s 分别是大气压和溶液的表面蒸汽压。

$$\omega_e = 0.622 \frac{p_s}{B - p_s} \qquad (5.1)$$

根据与溶液状态平衡的湿空气状态(温度相同、水蒸气分压力相同),可以将溶液的状态在湿空气的焓湿图上表示出来。虚线为空气等相对湿度线,实线为溶液等浓度线。溴化锂溶液饱和蒸汽压焓湿图如图 5.1 所示。

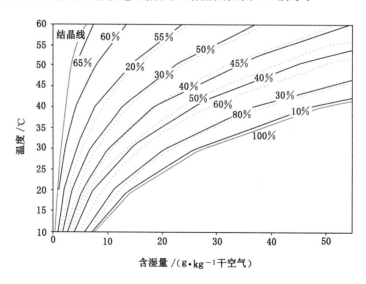

图 5.1　溴化锂溶液在焓湿图上的对应状态

比热容计算公式为 Zhe Yuan 提出的经验公式,可用来计算非结晶区域的比热容。

$$c = -2T(C_0 + C_1\varepsilon + C_2\varepsilon^2 + C_3\varepsilon^3 + C_4\varepsilon^{1.1}) - 6T^2(D_0 + D_1\varepsilon + D_4\varepsilon^{1.1}) -$$
$$12T^3(E_0 + E_1\varepsilon) - 2\frac{(F_0 + F_1\varepsilon)T}{(T - T_0)^3} - 2pT(V_6 + V_7\varepsilon) +$$
$$\frac{1}{T}(L_0 + L_1\varepsilon + L_2\varepsilon^2 + L_3\varepsilon^3 + L_4\varepsilon^{1.1}) -$$
$$(M_0 + M_1\varepsilon + M_2\varepsilon^2 + M_3\varepsilon^3 + M_4\varepsilon^{1.1})$$

$$(5.2)$$

式中　ε——溶液质量浓度，%；

　　　T——溶液温度，K；

　　　p——大气压力，kPa。

公式中的系数值见表 5.2。

表 5.2　比热容公式中的系数

i	0	1	2	3	4
C_i	$2.648\,364\,473\times10^{-2}$	$-2.311\,041\,091\times10^{-3}$	$7.559\,736\,62\times10^{-6}$	$-3.763\,934\,193\times10^{-8}$	$1.176\,240\,649\times10^{-3}$
D_i	$-8.526\,516\,95\times10^{-6}$	$1.320\,154\,79\times10^{-6}$	$2.791\,995\,438\times10^{-11}$	—	$-8.511\,514\,931\times10^{-7}$
E_i	$-3.840\,447\,174\times10^{-11}$	$2.625\,469\,387\times10^{-11}$	—	—	—
F_i	$-5.159\,906\,276\times10$	$1.114\,573\,398$	—	—	—
V_i	$1.176\,741\,611\times10^{-3}$	$-1.002\,511\,661\times10^{-5}$	$-1.695\,735\,875\times10^{-8}$	$-1.497\,186\,905\times10^{-6}$	$2.538\,176\,345\times10^{-8}$
V_{i+5}	$5.815\,811\,591\times10^{-11}$	$3.057\,997\,846\times10^{-9}$	$-5.129\,589\,007\times10^{-11}$	—	—
L_i	$-2.183\,429\,482\times10^3$	$-1.266\,985\,094\times10^2$	$-2.364\,551\,372$	$1.389\,414\,858\times10^{-2}$	$1.583\,405\,426\times10^2$
M_i	$-2.267\,095\,847\times10$	$2.983\,764\,494\times10$	$-1.259\,393\,234\times10^{-2}$	$6.849\,632\,068\times10^{-5}$	$2.767\,986\,853\times10^{-1}$

Zhe Yuan 提出的比体积经验公式，其适用范围为 0%至结晶浓度、0～190 ℃：

$$v = V_0 + V_1\varepsilon + V_2\varepsilon^2 + V_3T + V_4\varepsilon T + V_5\varepsilon^2 T + V_6 T^2 + V_7\varepsilon T^2 \quad (5.3)$$
$$\rho = 1/v \quad (5.4)$$

式中　v——比体积，m³/kg；

　　　ρ——密度，kg/m³。

公式中的系数值见表 5.2。

5.2.2　氯化锂溶液的基本性质

氯化锂化学式为 LiCl，分子量为 42.39。无水氯化锂为无色立方晶体，密度为 2.068 g/cm³，熔点为 605 ℃，沸点为 1 382 ℃。易溶于水，也溶于乙醇、乙醚等，在空气中易潮解。水溶液呈碱性。

氯化锂的结晶产物有冰点、五水合物、三水合物、二水合物和一水合物。

氯化锂溶液饱和蒸汽压焓湿图如图 5.2 所示。

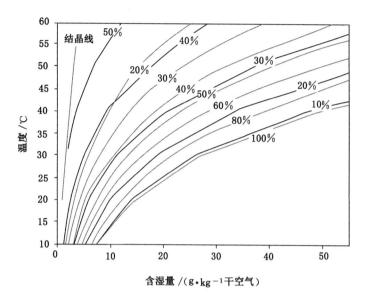

图 5.2　氯化锂溶液在焓湿图上的对应状态

M. R. Conde 给出了比热容的经验公式,可用来计算非结晶区域的比热容。

$$\tau = T/228 - 1 \tag{5.5}$$

$$c_{H_2O} = A + B\tau^{0.02} + C\tau^{0.04} + D\tau^{0.06} + E\tau^{1.8} + F\tau^8 \tag{5.6}$$

$$f_1(T) = \alpha\tau^{0.02} + b\tau^{0.04} + c\tau^{0.06} \tag{5.7}$$

当 $\varepsilon < 0.31$ 时:

$$f_2(\varepsilon) = d\varepsilon + e\varepsilon^2 + f\varepsilon^3 \tag{5.8}$$

当 $\varepsilon > 0.31$ 时:

$$f_2(\varepsilon) = g + h\varepsilon \tag{5.9}$$

$$c = c_{H_2O} \cdot [1 - f_1(T) \cdot f_2(\varepsilon)] \tag{5.10}$$

公式中的系数值如表 5.3 所示。

表 5.3　氯化锂溶液的比热容公式系数

A	B	C	D	E	F	a	b
88.791	−120.195 8	−16.926 4	52.465 4	0.108 26	0.469 88	58.522 5	−105.634 3

c	d	e	f	g	h		
47.794 8	1.439 8	−1.243 17	−0.120 7	0.128 25	0.629 34		

同样采用 M. R. Conde 的密度拟合公式(对于氯化锂溶液的适用范围为 $0 \leqslant \varepsilon \leqslant 0.56$,温度为结晶温度以内)。

$$\tau = 1 - T/647.3 \tag{5.11}$$

$$\rho_{H_2O}(\tau) = 322(1 + B_0\tau^{1/3}) + B_1\tau^{2/3} + B_2\tau^{5/3} + B_3\tau^{16/3} + B_4\tau^{43/3} + B_5\tau^{110/3} \tag{5.12}$$

$$\theta = \varepsilon/(1-\varepsilon) \tag{5.13}$$

$$\rho_{LiCl} = \rho_{H_2O}(\tau) \cdot (\rho_0 + \rho_1\theta + \rho_2\theta^2 + \rho_3\theta^3) \tag{5.14}$$

各系数的值如表 5.4 所示。

表 5.4　氯化锂溶液的密度公式系数

i	B_i	ρ_i
0	1.993 771 843	1.0
1	1.098 521 160 4	0.540 96
2	−0.509 449 299 6	−0.303 792
3	−1.761 912 427 0	0.100 791
4	−44.900 548 026 7	—
5	−723 692.261 863 2	—

5.2.3　氯化钙溶液基本性质

氯化钙化学式为 $CaCl_2$,分子量为 110.99。无水氯化钙为白色多孔块状、粒状或蜂窝状固体,味微苦,无臭。密度为 2.15 g/cm^3,熔点为 772 ℃,沸点 $>$ 1 600 ℃。溶于水(放出大量热),在空气中极易潮解。

氯化钙的结晶线分成结冰段、六水合物段、四水合物段、二水合物段和一水合物段。

氯化钙溶液饱和蒸汽压焓湿图如图 5.3 所示。

M. R. Conde 给出了比热容的经验公式,可用来计算非结晶区域的比热容。

$$\tau = T/228 - 1 \tag{5.15}$$

$$c_{H_2O} = A + B\tau^{0.02} + C\tau^{0.04} + D\tau^{0.06} + E\tau^{1.8} + F\tau^8 \tag{5.16}$$

$$f_1(T) = \alpha\tau^{0.02} + b\tau^{0.04} + c\tau^{0.06} \tag{5.17}$$

$$f_2(\varepsilon) = d\varepsilon + e\varepsilon^2 + f\varepsilon^3 \tag{5.18}$$

$$c = c_{H_2O} \cdot [1 - f_1(T) \cdot f_2(\varepsilon)] \tag{5.19}$$

公式中的系数值如表 5.5 所示。

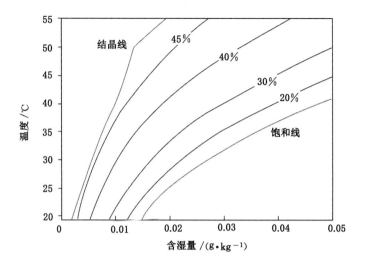

图 5.3 氯化钙溶液在焓湿图上的状态

表 5.5 氯化钙溶液的比热容公式系数

A	B	C	D	E	F
88.789 1	−120.195 8	−16.926 4	52.465 4	0.108 26	0.469 88
a	b	c	d	e	f
58.522 5	−105.634 3	47.794 8	1.637 99	−1.690 02	1.051 24

M. R. Conde 也提出了氯化钙溶液的密度经验公式。公式形式与氯化锂溶液的公式一致,但系数不同于氯化锂溶液的公式系数,应采用表 5.6 所示的系数值。公式适用范围为 $0 \leqslant \varepsilon \leqslant 0.60$。

表 5.6 氯化钙溶液的密度公式系数

i	B_i	ρ_i
0	1.993 771 843	1.0
1	1.098 521 160 4	0.836 014
2	−0.509 449 299 6	−0.436 300
3	−1.761 912 427 0	0.105 642
4	−44.900 548 026 7	—
5	−723 692.261 863 2	

从溴化锂溶液、氯化锂溶液、氯化钙溶液饱和蒸汽压及相关物理特性可以明显看出:氯化钙溶液饱和蒸汽压低于其他两种溶液,除湿性能相对较差;溴化锂和氯化锂饱和蒸汽压近似,其他物理特性相差不大,因此有必要通过实验比较它们除湿性能的高低。

5.3 溴化锂溶液和氯化锂溶液除湿性能对比分析

通过溴化锂溶液和氯化锂溶液焓湿图可以看出:结晶线和饱和水蒸气分压力线之间的区域为溶液可以达到的状态区域,溴化锂溶液和氯化锂溶液的可及处理区域基本一致。因此在处理空气时,以水蒸气分压力和温度参数确定溶液状态,即保证溶液的水蒸气分压力相同时,溴化锂溶液和氯化锂溶液的温度相同、浓度不同。对于在焓湿图上处于同一点的两种溶液而言,比热容不同。溴化锂溶液的比热容约为氯化锂溶液比热容的 0.8 倍[19]。

5.3.1 溶液除湿-再生实验台

溶液除湿实验台在进行除湿实验时的工作原理如图 5.4 所示,主要由四部分组成:热质交换模块、空气处理系统、热泵系统和溶液除湿装置。热质交换模块即除湿过程进行的场所,此处为除湿器;空气处理系统包括表冷器、加热器、加湿器、风机等,用于控制进入除湿器的空气参数;热泵系统用于去除除湿过程释放的潜热,调节进入除湿器的溶液温度。

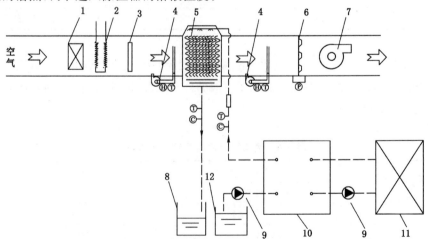

Ⓣ—温度传感器;Ⓗ—干、湿球温度传感器;Ⓒ—密度传感器;Ⓟ—压力传感器;▯—流量计;
1—表冷器;2—加热器;3—加湿器;4—采样风机;5—除湿器;6—标准喷嘴;7—风机;
8—稀溶液罐;9—溶液泵;10—热泵;11—表冷器;12—浓溶液罐。

图 5.4 溶液除湿实验台工作原理图

实验过程中,除湿器的气液接触形式为叉流。溶液泵从浓溶液罐中抽取浓溶液,经过调节阀、换热器和流量计后送入除湿器顶部的布液装置。溶液在除湿器中润湿填料并与来流空气进行热湿交换。空气被除湿,浓溶液吸收空气中的水分后,流至稀溶液罐。本实验中选用的填料是 Celdek 规整填料,填料高度为 0.5 m、宽度为 0.3 m、长度为 0.3 m。

溶液除湿-再生实验台进行再生实验时的原理与上述原理略有不同。溶液再生实验台工作原理如图 5.5 所示,主要由三部分组成:热质交换模块、空气处理系统和热泵系统。热质交换模块在此称为再生器;空气处理系统包括表冷器、加热器、加湿器、风机等,用于控制进入再生器的空气参数;热泵系统用于调节进入再生器的溶液温度。溶液浓度的调节通过人工往溶液槽内加水实现。

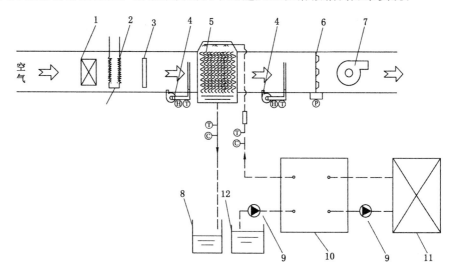

1—表冷器;2—加热器;3—加湿器;4—采样风机;5—再生器;6—标准喷嘴;7—风机;
8—浓溶液罐;9—溶液泵;10—热泵;11—表冷器;12—稀溶液罐。

图 5.5 溶液再生实验台工作原理图

实验过程中,再生器的气液接触形式为叉流。溶液泵从稀溶液罐中抽取稀溶液,经过调节阀、换热器和流量计后送入再生器顶部的布液装置。溶液在再生器中润湿填料并与来流空气进行热量交换。溶液中的水分蒸发到空气中,浓缩后的溶液流入浓溶液罐。本实验中选用的填料是 Celdek 规整填料,填料高度为 0.5 m、宽度为 0.3 m、长度为 0.3 m。

本实验的测量参数主要为空气和溶液的进、出口参数。空气参数包括风量和进出再生器的干、湿球温度。风量采用标准喷嘴测量,测量工具为微压差计;风道中设有空气采样装置,可用于测量干、湿球温度,测量工具为铂电阻温度测头及玻璃温度计。溶液参数包括流量和进、出再生器的温度与浓度。流量由玻璃转子流量计实时监测,并通过直接称重法校核;溶液浓度是通过对溶液密度和温度的测量间接得到的。

5.3.2 除湿性能的比较分析

5.3.2.1 实验数据

具体的参数变化范围如表5.7所示。

表5.7 除湿过程中进口参数变化范围

除湿溶液	进口空气参数			进口溶液参数		
	流量 /(kg・m⁻²・s⁻¹)	温度 /℃	含湿量 /(g・kg⁻¹)	流量 /(kg・m⁻²・s⁻¹)	温度 /℃	质量浓度 /%
LiBr溶液	1.75~2.51	25.3~35.4	9.6~18.3	2.03~5.30	19.8~27.3	42.1~54.3
LiCl溶液	1.55~2.61	26.8~35.2	14.5~20.6	1.92~3.61	21.8~29.1	27.8~36.8

实验中的叉流除湿模块是绝热型的热质交换装置,应遵循能量守恒和质量守恒定律。能量守恒是指经过热质交换装置前后空气侧的能量变化等于溶液侧的能量变化,根据测量仪器的精度可知:空气侧与溶液侧的能量变化误差在±20%以内可接受,能量平衡如图5.6所示。质量守恒是指溶液侧释放的水量等于空气侧水分的质量变化,但由于溶液侧的进、出口浓度变化很小,实验测量很难得到准确的数值进行验证,所以这里不考虑质量平衡的情况。

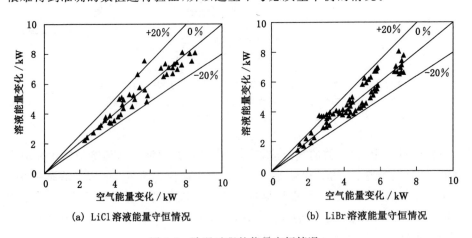

图5.6 除湿过程的能量守恒情况

根据图5.6的能量守恒情况可知,溴化锂溶液的实验误差比氯化锂溶液的要小,准确度高。

5.3.2.2 除湿效果的比较

除湿量是表征溶液除湿效果的直观参数，它表示除湿器在单位时间内除去空气中水分的质量。根据溴化锂溶液和氯化锂溶液的实验数据可分别拟合出各自的除湿量经验公式。基于经验公式，可以在相同的进口参数下比较两种溶液的除湿量，从而判断传质效果的优劣。

为比较两种溶液的除湿效果，经验公式的适用范围应相同，即两组实验的进口参数范围应一致，如表 5.7 所示：进口空气的参数范围、溶液的温度范围近似，但溶液质量流量范围有偏差，溶液的浓度是基于表面水蒸气分压力相同而推算出来的，浓度范围近似一致。

溶液的状态点（已知温度、浓度）可表示在湿空气焓湿图上，溶液的等浓度线与湿空气的等相对湿度线呈对应关系，但是同一条等相对湿度线对应不同溶液的不同浓度值，例如 LiBr 溶液的 40% 浓度线与 LiCl 溶液的 23.5% 浓度线在焓湿图上基本重合，温度相同的 40% 的 LiBr 溶液和 23.5% 的 LiCl 溶液的等效含湿量相等，处于焓湿图上同一点。选取在焓湿图上处于同一点的溶液参数来比较不同溶液的除湿效果，结果更具可比性。

对于相同的填料尺寸：长×宽×高＝0.3 m×0.3 m×0.5 m，溴化锂溶液和氯化锂溶液的除湿量 m_w 的经验公式如式（5.20）和式（5.21）所示。式（5.20）和式（5.21）的拟合相关系数分别为 0.937 和 0.966。

$$m_{w,\text{LiBr}} = 2.992 \times 10^{-7} F_a^{0.826} t_{a,\text{in}}^{-0.996} \omega_{a,\text{in}}^{2.519} F_{z,\text{in}}^{0.461} t_{z,\text{in}}^{-1.695} X_{\text{in}}^{4.202} \tag{5.20}$$

$$m_{w,\text{LiCl}} = 3.974 \times 10^{-3} F_a^{0.423} t_{a,\text{in}}^{-0.247} \omega_{a,\text{in}}^{2.028} F_{z,\text{in}}^{0.639} t_{z,\text{in}}^{-2.372} X_{\text{in}}^{1.815} \tag{5.21}$$

拟合预测值与实验结果的比较参见图 5.7。

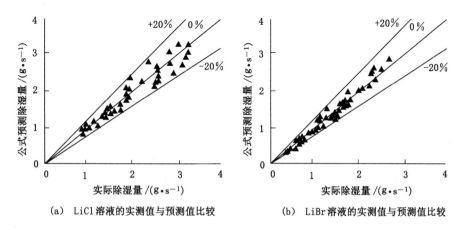

(a) LiCl 溶液的实测值与预测值比较　　(b) LiBr 溶液的实测值与预测值比较

图 5.7　实测值与拟合预测值的比较

由于溴化锂溶液的实验准确度和拟合公式的准确度都高于氯化锂溶液,因此使用溴化锂溶液的拟合公式计算氯化锂溶液的各实验工况下的氯化锂的预测除湿量。具体做法为取进口空气参数、溶液质量流量和溶液温度相同,溶液浓度按相同的表面蒸汽压推算得到。氯化锂的实测除湿量与溴化锂溶液的预测除湿量的比较如图 5.8 所示。由图可以看出,在氯化锂溶液的所有实验工况下,氯化锂溶液的除湿量均高于溴化锂溶液的除湿量。

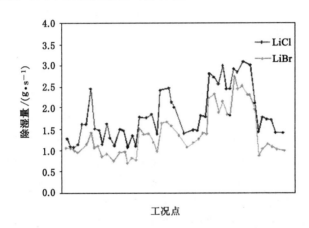

图 5.8　氯化锂溶液除湿量的实测值与溴化锂溶液除湿量的拟合预测值的比较

下面将基于两种溶液的拟合公式,以一具体算例分析对比分别采用溴化锂溶液和氯化锂溶液在相同工况下的除湿性能。

基准工况为:空气质量流量为 2.0 kg/(m² · s),进口空气温度为 30 ℃,进口含湿量为 16 g/kg,溶液质量流量为 2.5 kg/(m² · s),溶液进口温度为 24 ℃,溴化锂溶液浓度为 47%(对应的氯化锂溶液浓度为 32.2%)。变化其中某一个参数后的除湿量结果如图 5.9 所示。

可以看到溴化锂溶液和氯化锂溶液的除湿量随进口参数的变化趋势近似。随着空气流量、溶液流量、溶液浓度、进口空气含湿量的增大,除湿量也变大。在进口参数相同的情况下(溶液浓度等效相同),氯化锂溶液的除湿量比溴化锂溶液的除湿量平均高约 0.3 g/s,约 20%。

通过比较分析可得到结论:在相同的工况下,采用氯化锂溶液的除湿量高于溴化锂溶液,即采用氯化锂溶液将获得更优的除湿能力。

5.3.3　再生性能比较分析

5.3.3.1　实验数据

再生过程中进口参数变化范围如表 5.8 所示。

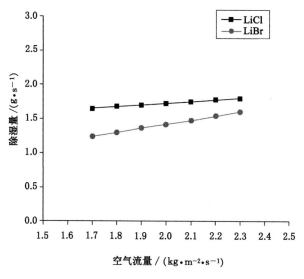

(a) 除湿量随空气流量的变化

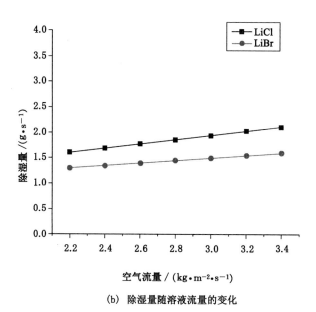

(b) 除湿量随溶液流量的变化

图 5.9 LiBr 溶液和 LiCl 溶液在等效工况下的除湿量比较

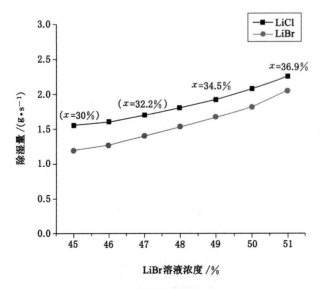

(c) 除湿量随溶液浓度的变化

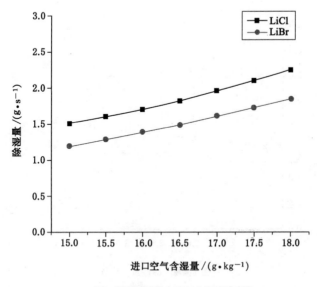

(d) 除湿量随进口空气含湿量的变化

图 5.9 (续)

表 5.8　再生过程中进口参数变化范围

除湿溶液	进口空气参数			进口溶液参数		
	流量 /(kg·m⁻²·s⁻¹)	温度 /℃	含湿量 /(g·kg⁻¹)	流量 /(kg·m⁻²·s⁻¹)	温度 /℃	质量浓度 /%
LiBr 溶液	1.36～2.20	28.4～38.9	12.0～22.5	2.45～4.48	47.3～62.8	28.3～54.1
LiCl 溶液	1.26～2.09	30.2～36.6	10.3～22.1	1.87～3.47	48.4～59.1	23.7～40.6

　　实验中的叉流再生模块是绝热型的热质交换装置,应遵循能量守恒和质量守恒定律。能量守恒是指经过热质交换装置前后空气侧的能量变化等于溶液侧的能量变化,根据测量仪器的精度可知:空气侧与溶液侧的能量变化误差在±20%以内可接受,能量平衡如图 5.10 所示。

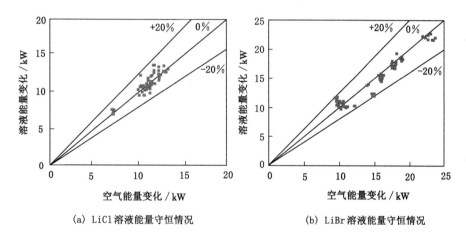

(a) LiCl溶液能量守恒情况　　　　　(b) LiBr溶液能量守恒情况

图 5.10　再生过程的能量守恒情况

5.3.3.2　再生效果的比较

　　再生量是考察再生模块性能的最直接指标,本实验中两种溶液的再生模块一致,均是尺寸为 0.5 m×0.3 m×0.4 m 的规整填料。再生量为流经模块的溶液在单位时间内水分的变化量。在本实验中,由于溶液进、出口的浓度变化很难测准,故使用空气侧的参数计算再生量,见式(5.22)。

$$\dot{m}_w = \dot{m}_a(w_{a,out} - w_{a,in}) \tag{5.22}$$

　　根据两种溶液的再生实验数据拟合的再生量公式见式(5.23)和式(5.24),LiBr 溶液和 LiCl 溶液的再生量拟合式相关系数分别为 0.97 和 0.86。拟合结果与实验结果的比较见图 5.11。可以看出,两种溶液的实验结果和拟合结果都吻合较好。

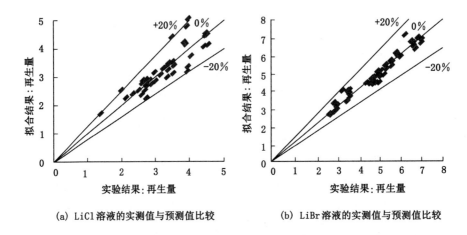

(a) LiCl 溶液的实测值与预测值比较　　　(b) LiBr 溶液的实测值与预测值比较

图 5.11　实测值与拟合预测值的比较

$$m_{w,LiBr}=11.513\dot{m}_{a}^{0.228}t_{a,in}^{-0.057}w_{a,in}^{-0.658}m_{z,in}^{0.823}t_{z,in}^{3.422}\varepsilon_{in}^{-3.632} \tag{5.23}$$

$$m_{w,LiCl}=0.341\dot{m}_{a}^{0.185}t_{a,in}^{-0.581}w_{a,in}^{-0.484}m_{z,in}^{0.633}t_{z,in}^{3.898}\varepsilon_{in}^{-3.147} \tag{5.24}$$

下面将基于两种溶液的再生量拟合公式,以一具体算例分析对比分别采用溴化锂溶液和氯化锂溶液在相同处理工况下的再生性能。

基准工况为:空气质量流量为 1.7 kg/(m² · s),进口空气温度为 33 ℃,进口含湿量为 16.5 g/kg,溶液质量流量为 2.7 kg/(m² · s),进口溶液温度为 54 ℃,溴化锂溶液浓度为 46.5%(对应的氯化锂溶液浓度为 32%)。变化其中某一个参数后的再生量结果见图 5.12。

图 5.12 表明,在 LiCl 溶液浓度为 32%,LiBr 溶液浓度与其等效为 46.5%,其他条件相同时,使用 LiCl 溶液的再生除水量比使用 LiBr 溶液的再生除水量稍低 0.5 g/s 左右。

由图 5.12(c)可以看出,在进口参数等效的条件下,低浓度区域内,LiCl 溶液的再生量比 LiBr 溶液的再生量略低;高浓度区域内,LiCl 溶液的再生量略低。

为了更清晰地了解浓度对再生量的影响情况,图 5.13 分别计算了 4 个浓度值下的再生量。在 LiBr 溶液浓度大于 46%(此时 LiCl 溶液浓度为 31.4%)以后,使用 LiBr 溶液的再生量略高于使用 LiCl 溶液的再生量,高约 20%。

由于 LiCl 溶液的拟合公式的相关系数相对于 LiBr 溶液的拟合相关系数

偏低,而在利用拟合公式计算的各种工况比较结果里,两种溶液的再生量差别较小,而且有交叉[图 5.12(c)]。为检验比较结果是否因为拟合公式的偏差而引起,将 LiCl 溶液的实验结果与等效工况下的 LiBr 溶液的拟合结果进行比较,发现趋势与以上的结果类似(图 5.14),故拟合公式偏差不会对结果产生影响。

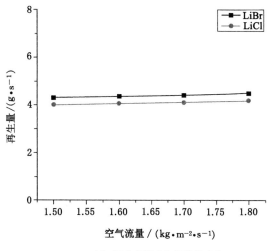

(a) 再生量随空气流量的变化

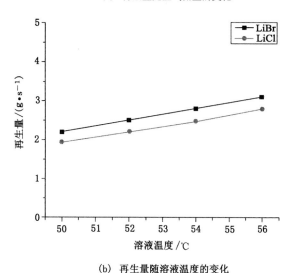

(b) 再生量随溶液温度的变化

图 5.12　LiBr 溶液和 LiCl 溶液在等效工况下的再生量比较

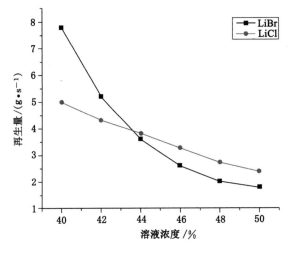

(c) 再生量随溶液浓度的变化

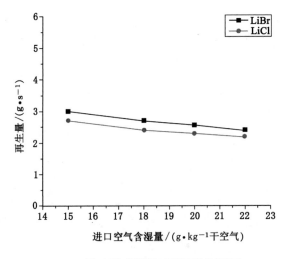

(d) 再生量随进口空气含湿量的变化

图 5.12 （续）

结合图 5.13 和图 5.14 可看出,在进口溶液浓度较低时,使用 LiCl 溶液比使用 LiBr 溶液时的再生量要较低;而当进口溶液浓度较高时,两种溶液的再生量差别很小(不大于 0.5 g/s),使用 LiBr 溶液比使用 LiCl 溶液的再生量略高。在常见工况下,在相同进口条件下,溴化锂溶液的再生量高于氯化锂溶液的再生量约 20%。

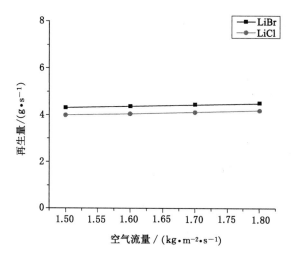

（a）LiBr溶液浓度为42%（LiCl溶液浓度为26.4%）

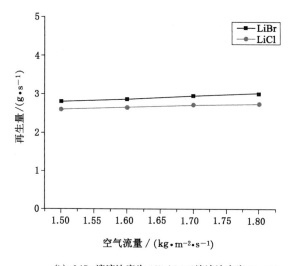

（b）LiBr溶液浓度为46%（LiCl溶液浓度为31.4%）

图5.13　LiBr溶液和LiCl溶液在不同浓度下的再生量比较

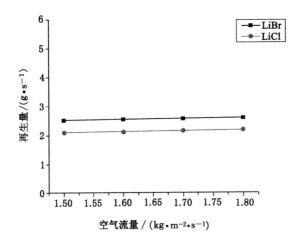

（c）LiBr 溶液浓度为 48%（LiCl 溶液浓度为 33.7%）

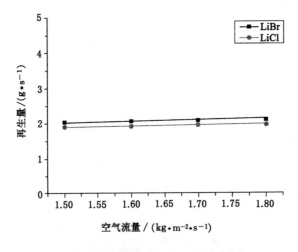

（d）LiBr 溶液浓度为 50%（LiCl 溶液浓度为 36%）

图 5.13 （续）

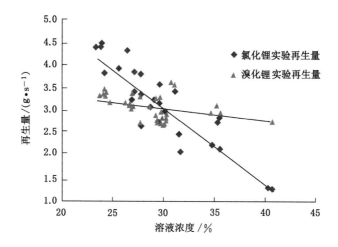

图 5.14　氯化锂的实验结果与溴化锂的拟合结果的比较

5.4　混合溶液性能实验研究及配比确定

除湿溶液的物理性质是影响液体除湿系统除湿性能的重要因素,尤其是除湿溶液的表面蒸汽压。溶液的表面蒸汽压越低,除湿的推动力越大,除湿效果越好。但即使是同一种除湿溶液,也会因为不同产地的金属卤盐纯度的差异而导致所配制的除湿溶液的表面蒸汽压有所不同,所以实验测量是确定除湿溶液表面蒸汽压的一种重要手段。另外,除湿溶液的价格关系到液体除湿系统的经济性,也是需要考虑的重要因素。

建立了测量除湿溶液表面蒸汽压的实验台,采用动态法测量了 LiCl 溶液、$CaCl_2$ 溶液及其不同配比的混合溶液在除湿工况浓度下(质量分数为 40%)的表面蒸汽压,并分析了混合配比对除湿溶液表面蒸汽压及溶液成本的影响。

5.4.1　实验原理及步骤

测量除湿溶液表面蒸汽压的实验装置如图 5.15 所示。

实验时,通过调节恒温水浴使烧瓶内溶液的温度达到设定值并保持恒定,采用真空泵对烧瓶抽气,直至烧瓶内的溶液沸腾。由于一定温度下,当溶液达到沸腾时,溶液的表面蒸汽压与溶液上方的外界压力相等,所以烧瓶内溶液沸腾时的真空度就等于溶液的表面蒸汽压。具体的实验步骤如下:

① 检查装置的气密性。打开真空活塞 6、7、8,使系统与大气相通,向冷凝管中通入冷却水,打开电源使真空泵正常工作 1～2 min,然后关闭活塞 6、7,对系统抽气。当系统压力减小至 U 形管压力计两臂的高度差为 700 mm 时,

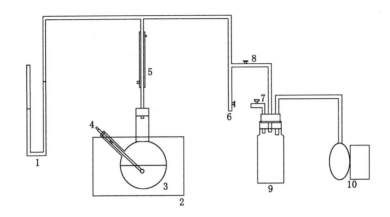

1—U 形管压力计;2—恒温水浴;3—烧瓶;4—温度计;5—冷凝管;
6,7,8—真空活塞;9—安全瓶;10—真空瓶。

图 5.15　除湿溶液表面蒸汽压测量装置

关闭活塞 8,使系统压力保持不变。打开活塞 7 使安全瓶与大气相通,关闭真空泵。5 min 后若压力计读数不变,则说明装置气密性良好。气密性检查完毕后打开活塞 6、8,使烧瓶与大气相通。

② 准确读取此时的大气压力值。

③ 向烧瓶中注入 1/3 体积的除湿溶液,连接好装置,将烧瓶放入恒温水浴中,调节水浴温度使其保持 25 ℃。

④ 关闭活塞 6、7,打开真空泵对系统抽气,使烧瓶内压力缓慢降低。当溶液沸腾时,关闭活塞 8,记下此时压力计的读数。打开活塞 7 使安全瓶与大气相通,关闭真空泵。缓慢旋开活塞 8,使系统压力恢复为大气压。

⑤ 再次读取大气压力值,并与实验前的读数求平均,作为实验过程中的大气压力值。

⑥ 调节恒温水浴的温度,使其保持 30 ℃、35 ℃、40 ℃、45 ℃、50 ℃、55 ℃,重复步骤 ②～⑤。

5.4.2　实验结果与分析

为了获得一种性能优良、价格合理的除湿溶液,对不同配比的 $CaCl_2$ 和 $LiCl$ 混合溶液(质量分数为 40%)在不同温度条件下的表面蒸汽压进行了测量,结果如图 5.16 所示。从图 5.16 可以看出,随着 $LiCl$ 的加入,混合溶液的表面蒸汽压降低,且 $LiCl$ 在混合溶质中的质量分数越大,混合溶液的表面蒸汽压越小;随着 $LiCl$ 质量分数的增大,溶液表面蒸汽压下降的幅度逐渐减小。例如,溶液温度为 25 ℃ 时,当混合溶质中 $LiCl$ 的质量分数由 0% 增加到 20%

时,溶液表面蒸汽压下降了 266.6 Pa,而当 LiCl 的质量分数由 80%增加到 100%时,溶液表面蒸汽压只下降了 133.3 Pa;随着溶液温度的升高,这种变化趋势更加明显,在溶液温度为 55 ℃时,LiCl 质量分数由 0%增加到 20%时,溶液表面蒸汽压下降了 933.1 Pa,由 80%增加到 100%时,溶液表面蒸汽压只下降了 466.6 Pa。由此可知,随着 LiCl 在混合溶质中比例的增加,对降低混合溶液表面蒸汽压的作用逐渐减小。

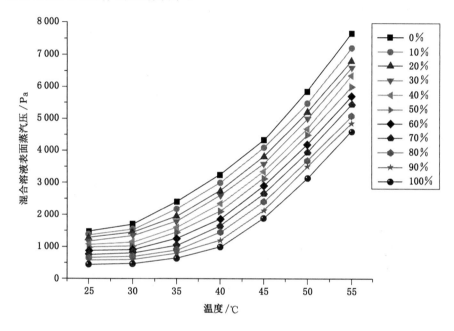

图 5.16 混合溶液表面蒸汽压随温度变化的测量值

对除湿工况(温度为 25 ℃,30 ℃,35 ℃)下混合溶液表面蒸汽压的实验测量值进行了拟合,得到同一温度下混合溶液表面蒸汽压随混合溶质中 LiCl 质量分数的变化关系式。

25 ℃时:

$$p_s = -1\ 224.429 + 865.926\exp\left(-\frac{x_{LiCl}}{121.86}\right) + 2\ 009.829\exp\left(-\frac{x_{LiCl}}{418.38}\right)$$

$$(5.25)$$

30 ℃时:

$$p_s = -227.447 + 113.457\exp\left(-\frac{x_{LiCl}}{10.14}\right) + 1\ 525.204\exp\left(-\frac{x_{LiCl}}{116.11}\right)$$

$$(5.26)$$

35 ℃时：

$$p_s = -547.420 + 995.915\exp\left(-\frac{x_{LiCl}}{96.78}\right) + 995.915\exp\left(-\frac{x_{LiCl}}{96.77}\right) \quad (5.27)$$

式(5.25)~(5.27)中，p_s 为除湿溶液表面蒸汽压，Pa；x_{LiCl} 为混合溶质中 LiCl 的质量分数，%。

从上述拟合公式可知，同一温度下混合溶液表面蒸汽压随混合溶质中 LiCl 质量分数呈负指数函数关系变化。为了获得较优的混合配比，对除湿工况(温度 25 ℃，30 ℃，35 ℃)下混合溶液表面蒸汽压等温线(表面蒸汽压与混合溶质中 LiCl 质量分数的关系曲线)的切线斜率进行了分析，结果如图 5.17 所示。溶液表面蒸汽压等温线的切线斜率表征混合溶液表面蒸汽压的变化量与混合溶质中 LiCl 质量分数的变化量的比值。从图 5.17 可以看出，随着 LiCl 在混合溶质中质量分数的增大，切线的斜率逐渐增大，但由于溶液表面蒸汽压等温线的切线斜率为负值，所以切线斜率增大意味着随着混合溶质中 LiCl 质量分数的增大溶液表面蒸汽压的减小量逐渐递减。从图中还可以看到，溶液温度为 30 ℃时，当混合溶质中 LiCl 的质量分数大于 50% 时，切线斜率基本保持不变，也就是说再增加 LiCl 所引起的溶液表面蒸汽压的变化量较小。但从图 5.18 可知，混合溶液溶质的成本随 LiCl 质量分数的增加呈直线增长。由于液体除湿系统中除湿溶液的用量较大，溶液的成本直接关系到系统的经济性，所以，混合溶质中 LiCl 的质量分数大于 50% 时，除湿溶液的性价比有所下降。

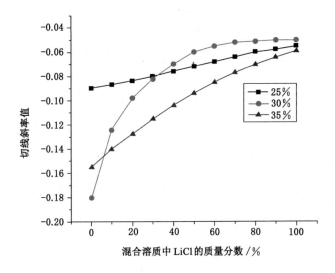

图 5.17　除湿工况下混合溶液表面蒸汽压等温线切线斜率

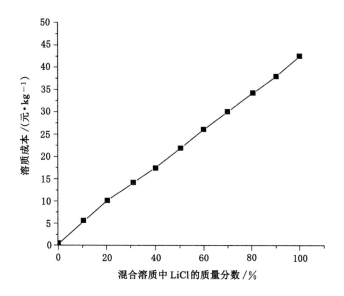

图 5.18　不同配比的混合溶液溶质的成本

　　从图 5.16、图 5.18 可以看出,30 ℃时,混合溶质中 LiCl 质量分数由 0％增加到 50％,溶液表面蒸汽压下降了 666.5 Pa(5 mmHg);而混合溶质中 LiCl 质量分数由 50％增加到 100％时,溶液表面蒸汽压只下降了 333.3 Pa,但 100％ LiCl 溶液的成本却是 50％$CaCl_2$＋50％LiCl 混合溶液的 1.9 倍,后者的性价比是前者的 3.8 倍。考虑到除湿溶液既要求具有有利于除湿的较低表面蒸汽压,又要求溶液成本不能太高,所以 50％$CaCl_2$＋50％LiCl 混合溶液是一种性能优良、价格合理的混合除湿溶液。

6 围岩与风流的热湿交换及快速计算

在原岩中开凿巷道后,若不考虑壁面辐射散热作用的影响,当有比围岩温度低的风流经过时,由于围岩与风温存在温差,巷道壁面便通过对流放热的方式向风流放热;当壁面处于潮湿状态时,围岩与风流间除了对流换热之外,还存在由水分蒸发引起的对流质交换。围岩向巷道空间的换热作用使风流升温、巷道壁面温度降低,而原岩内部则以热传导方式向被冷却的巷壁传递热流。风流与围岩间的热湿交换包含了围岩内的热传导、巷壁与风流间的对流换热及对流传质三种形式的热质交换过程。

6.1 围岩内的热传导

物体各部分无相对位移,或不同物体发生接触时,依靠物质的分子、原子及自由电子等微观粒子的热运动而进行热量传递的现象为导热,即热传导。温度较高的物体把热量传递给与之接触的低温物体是导热现象。热量可以通过固体、液体以及气体进行传导,但是严格来说,单纯的导热只发生在密实的固体物质中。

6.1.1 傅里叶定律

傅里叶定律是导热理论的基础,其表达式为:

$$q = -\lambda \,\mathrm{grad}\, T \tag{6.1}$$

式中 q——围岩散热的热流密度,即单位时间通过单位面积的热量, kcal/(m²·h),1 kcal=4 186.8 J;

       T——围岩温度,℃;

       $\mathrm{grad}\, T$——围岩温度梯度,℃/m;

       λ——围岩导热系数,又称热导率,kcal/(m·h·℃)。

式中的负号表示 q 的方向始终与 $\mathrm{grad}\, T$ 相反。

6.1.2 导热系数

导热系数 λ 是热传导过程中一个重要的比例常数,在数值上等于每小时每平方米面积上,当物体内温度梯度为 1 ℃/m 时的导热量。λ 是表明物体导热能力大小的热物性参数。在导热系数的测试和计算中,要考虑到岩石的层理等结构面的方向性、含水率、孔隙率、所含矿物成分等对导热系数的影响[20]。

在岩石的物理性质中,岩石的含水率对导热系数的影响比较大。经研究表明,水和空气的导热系数在 20 ℃、一个大气压下分别为 0.511 kcal/(m・h・℃) 和 0.022 kcal/(m・h・℃),前者约为后者的 23 倍。岩石一般为含有大量孔隙的多孔介质,因此岩石中含水量大小对导热系数有较大影响。岩石的导热系数与含水率的关系如图 6.1 所示,随着含水率的增大,岩石的导热系数也逐渐增大。

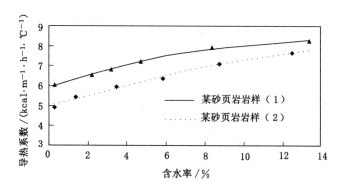

图 6.1 岩石含水率对导热系数的影响

湿润状态下岩石的导热系数 λ 可通过下式计算:

$$\lambda_S = \lambda_g \frac{1 - 2\phi(\lambda_g - \lambda_w)/(2\lambda_g + \lambda_w)}{1 + \phi(\lambda_g - \lambda_w)/(2\lambda_g + \lambda_w)} \tag{6.2}$$

式中 λ_g——干燥状态下岩石的导热系数,kcal/(m・h・℃);

λ_w——水的导热系数,取为 0.511 kcal/(m・h・℃);

ϕ——孔隙度。

常温下,岩石的导热系数跟其组分有关,组分中高导热系数矿物的含量越高,该岩石的导热系数越大。如砂岩中,石英的导热系数最大,为 6.12 kcal/(m・h・℃),而长石只有 2.05 kcal/(m・h・℃),仅为石英的 1/3,显然砂岩的导热系数随石英含量的增高而增大。主要矿物的导热系数见表 6.1。

在一定温度范围内,岩石的导热系数还与温度呈线性关系,但由于其在常温下变化较小,一般在矿内简化地把各种岩石的导热系数作为常数对待。

表 6.1　主要矿物的导热系数

矿物	导热系数/(kcal·m⁻¹·h⁻¹·℃⁻¹)
长石、白云母、绢云母、沸石类	2.05
黑云母、绿泥石、绿廉石	2.16
磁铁矿、方解石、黄玉	3.06
角闪石、辉石、橄榄石	3.60
白云石、菱镁矿	4.68
石英	6.12

6.1.3　导热微分方程

　　傅里叶公式(6.1)确定了热量与温度梯度之间的关系,但是要确定热量的大小,必须知道物体内部的温度场。为此,假定物体是各向同性的连续介质,热物性参数中导热系数、比热容和密度已知,根据热力学第一定律,即能量守恒与转化定律,对图 6.2 所示的微元体的导热进行研究,建立其能量平衡方程式。

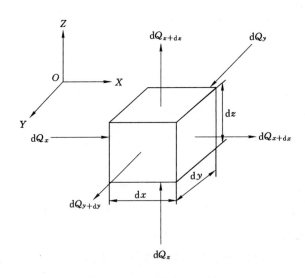

图 6.2　微元体导热示意图

$$\left[\text{导入与导出的微元体的净增量}\right]+\left[\begin{array}{c}\text{微元体中内}\\\text{热源发热量}\end{array}\right]=\left[\begin{array}{c}\text{微元体内}\\\text{能的增量}\end{array}\right] \quad (6.3)$$

$$\text{I} \qquad\qquad\qquad \text{II} \qquad\qquad \text{III}$$

根据图 6.2 所示的热量和傅里叶定律可计算出式(6.3)中的 Ⅰ、Ⅱ、Ⅲ 项：

$$\mathrm{I} = \left[\frac{\partial}{\partial x}\left(\lambda\,\frac{\partial T}{\partial x}\right) + \frac{\partial}{\partial y}\left(\lambda\,\frac{\partial T}{\partial y}\right) + \frac{\partial}{\partial z}\left(\lambda\,\frac{\partial T}{\partial z}\right)\mathrm{d}x\,\mathrm{d}y\,\mathrm{d}z\,\mathrm{d}t\right] \tag{6.4}$$

$$\mathrm{II} = Q_{\mathrm{v}}\,\mathrm{d}x\,\mathrm{d}y\,\mathrm{d}z\,\mathrm{d}t \tag{6.5}$$

$$\mathrm{III} = \rho c\,\frac{\partial T}{\partial t}\,\mathrm{d}x\,\mathrm{d}y\,\mathrm{d}z\,\mathrm{d}t \tag{6.6}$$

将式(6.4)、式(6.5)、式(6.6)代入式(6.3)，整理后可得物体的温度随空间和时间变化的微分方程式：

$$\frac{\partial T}{\partial t} = \frac{\lambda}{\rho c}\left(\frac{\partial^2 T}{\partial x^2} + \frac{\partial^2 T}{\partial y^2} + \frac{\partial^2 T}{\partial z^2}\right) + \frac{Q_{\mathrm{v}}}{\rho c} \tag{6.7}$$

式中　T——围岩内部点温度值，℃；

　　　t——通风时间，h；

　　　$\dfrac{\lambda}{\rho c}$——岩石导温系数(或热扩散系数)记为 a，m^2/s，导温系数表示物体受

　　　　热不平衡时，物体内温度趋于一致的能力，物体的值愈大，物体内

　　　　各处温差愈小；

　　　Q_{v}——单位体积岩石内热源的生成热，$\mathrm{kcal/m}^3$。

在圆柱坐标系下三维非定常、有内热源情况下，导热微分方程式为：

$$\frac{\partial T}{\partial t} = a\left(\frac{\partial^2 T}{\partial r^2} + \frac{1}{r}\,\frac{\partial T}{\partial r} + \frac{1}{r^2}\,\frac{\partial^2 T}{\partial \varphi^2} + \frac{\partial^2 T}{\partial z^2}\right) + \frac{Q_{\mathrm{v}}}{\rho c} \tag{6.8}$$

式中，r、φ、z 分别为圆柱坐标系的三个坐标轴。

为了简化起见常假定围岩内部温度变化只在两个方向上进行(即 $\dfrac{\partial T}{\partial z} = 0$)，在直角坐标系下有：

$$\frac{\partial T}{\partial t} = a\left(\frac{\partial^2 T}{\partial x^2} + \frac{\partial^2 T}{\partial y^2}\right) + \frac{Q_{\mathrm{v}}}{\rho c} \tag{6.9}$$

对于圆形巷道而言，若只考虑巷道径向和轴向上发生热传导且无内热源时，其导热微分方程可表述为：

$$\frac{\partial T}{\partial t} = a\left(\frac{\partial^2 T}{\partial r^2} + \frac{1}{r}\,\frac{\partial T}{\partial r} + \frac{\partial^2 T}{\partial z^2}\right) \tag{6.10}$$

式中　T——围岩内温度分布，℃；

　　　r——围岩距巷道轴心的距离，m。

6.1.4　单值条件

对于具体的导热过程必须给出单值条件(或称定解条件)以构成完整的数学

模型。单值条件包括：

① 几何条件：导热物体的几何形状、尺寸及相对位置。

② 物理条件：导热物体的物理特征，如 λ、ρ、c 等物理参数的大小及它们和温度的关系等。

③ 初始条件：或称时间条件，即已知导热过程开始时的温度分布：$T\mid_{t=0} = f(x,y,z)$。对于稳态导热，不需要给出初始条件。

④ 边界条件：给定导热物体边界上的热状态，常用的有三类边界条件：第一类边界条件为已知任一时刻物体边界面的温度；第二类边界条件为已知任一时刻物体边界面上的热流通量；第三类边界条件为已知与边界面直接接触的流体温度和界面与流体间的对流换热系数。

6.2 巷壁与风流间的对流换热

对流换热是指相对运动着的流体与其温度不同的固体壁面接触时，流体与壁面之间发生的热量交换过程。矿井空气是不断流动的，矿内风流中的热量传递是对流和导热联合作用的过程。一方面各种热源向流动空气传热，热源与空气之间有导热作用；另一方面风流流动时，空气各部分之间发生相对位移，冷热空气相互掺混，产生对流换热。

对流换热过程是一个受很多因素影响的复杂过程，如流体的流动状况、流体的物理性质、壁的形状和大小、表面粗糙度等。一般情况下对流换热的热量计算可采用牛顿冷却公式[21]：

$$q = \alpha \Delta t \tag{6.11}$$

式中　Δt——流体与壁面间的温差，℃；

　　　α——对流换热系数，$\mathrm{kcal/(m^2 \cdot h \cdot ℃)}$。

在围岩与风流的热交换过程中，由于井巷低温风流流经高温岩壁，井巷壁面向风流放热，所以矿内常把上式中的对流换热系数 α 称为巷壁与风流的换热系数，简称为放热系数。

对流换热系数（放热系数）不是物性参数，而是与井巷风流速度、温度，围岩的导热系数，空气的比热容、密度、动力黏性系数，壁面几何尺寸及形状等有关的复杂函数，在理论上很难给出确定的计算公式。

目前对该参数的确定仍然采用以相似理论为指导的实验室测定并结合现场实测数据相互检验修正的方法。其中具有代表性的计算公式是苏联学者舍尔巴尼实用式：

$$\alpha = \frac{2\psi G^{0.8} U^{0.2}}{F} \tag{6.12}$$

式中　U——巷道周长，m；

　　　F——巷道断面积，m^2；

　　　G——风流质量流量，kg/s；

　　　ψ——巷壁粗糙度。

6.3　巷壁与风流间的对流传质

　　干空气或未饱和空气流过潮湿固体壁面时，只要空气中水蒸气分子浓度与壁面处水蒸气分子浓度不一致时，空气与水面或湿壁之间同时要发生能量与质量的传递。这种传递过程称为对流传热、传质。

　　根据热、湿交换理论，当水和空气直接接触时，由于水分子的不规则热运动的结果，在贴近水面或水滴表面的周围，形成了一个饱和空气边界层(图6.3)，其温度等于水的表面温度，在边界层内空气中的水蒸气分子浓度或水蒸气分压力均取决于边界层的温度。在边界层周围，水蒸气分子一直在进行着不规则的热运动，不时有一部分水分子自水表面进入边界层，同时也有一部分水分子自边界层返回到水中。在这同时，如果边界层内水蒸气分子浓度(或水蒸气分压力)大于周围空气里的水蒸气分子浓度(或水蒸气分压力)时，则自边界流入到周围空气中去的水蒸气分子数要多于从周围空气中返回到边界层里去的水蒸气分子数，使得周围空气中水蒸气的分子数增加，反之则减少。所谓"蒸发"与"凝结"现象就是这种水蒸气分子迁移的结果。在蒸发过程中，边界层中所减少的水蒸气分子则由水面跃出的水分子予以补充，在凝结过程中，边界层里过量的水蒸气分子则返回到水中。水分蒸发量的大小，同水与空气接触面的大小、周围空气的干燥程度、空气的风速大小、气温高低都有很大关系。一般情况下，水表面附近空气的温度越高，风速越大，空气越干燥，水分蒸发的速度就愈快，此蒸发过程一直进行到水蒸发完毕或周围一定范围的空气达到饱和状态为止。根据传质理论可知，流体的对流质交换和对流热交换一样，它们也是和流体的流动过程密切相关的。虽然热交换与湿交换不是同一类的物理现象，但是描述这两类物理现象的方程式却有相类似的地方。

　　上述傅里叶定律和牛顿冷却公式对定常和非定常流动过程都适用，是传热学最基本的定律，矿内风流的热量交换也遵循这些定律。

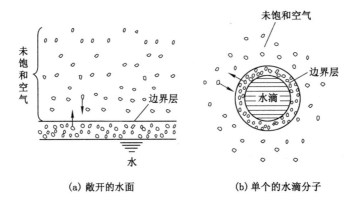

(a) 散开的水面　　　　　　　(b) 单个的水滴分子

图 6.3　空气与水的热、湿交换

6.4　围岩散热的计算及水分蒸发的处理

围岩内部通过热传导的方式将热量传递到井巷表面,然后通过对流传热及对流传质的方式传递给井巷风流。当巷道壁面干燥时,从围岩放出的热量,全部消耗于风流干球温度上升的显热 q_s 上;而当巷道壁面潮湿时,从围岩放出的一部分热量消耗于作为水分蒸发的潜热 q_l,一部分用于风流温度的上升(图 6.4)。从围岩放出的热量等于消耗于水分蒸发所需的潜热 q_l 和风流温度升高所需的显热 q_s 之和。即:

$$q_t = q_s + q_l \tag{6.13}$$

式中　q_t——巷道壁面围岩向风流散热的总热流密度,kcal/m²;

　　　q_s——从巷道壁面进入风流的显热热流密度,kcal/m²;

　　　q_l——从巷道壁面进入风流的潜热热流密度,kcal/m²。

6.4.1　从巷壁进入风流的显热

根据对流换热规律,可以计算出从壁面进入通风风流的显热量:

$$Q_s = \alpha(T_w - T_f)A \tag{6.14}$$

式中　Q_s——显热量,kcal;

　　　T_w——巷道壁面温度,℃;

　　　T_f——巷道风流温度,℃;

　　　A——对流换热的巷道表面积,m²;

　　　α——围岩与风流间的对流换热系数,kcal/(m²·h·℃)。

从而可以计算出从壁面处进入通风风流的显热热流密度:

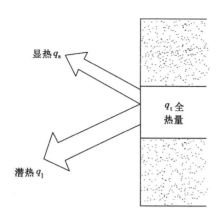

图 6.4 巷道壁面热交换示意图

$$q_s = \alpha(T_w - T_f) \tag{6.15}$$

一般情况下,由于矿内地下水流动、降尘洒水等原因,矿井巷道中总存在水分蒸发。当巷道壁面潮湿时,围岩与风流间进行对流换热的同时,潮湿壁面还与风流间进行对流传质;从围岩散发的一部分热量以水分蒸发的潜热形式被消耗,剩余部分用于风流干球温度的上升,所以围岩散热量的计算还要考虑到水分蒸发的影响。

6.4.2 从巷壁进入风流的潜热

在计算从巷壁进入风流的潜热时,需要对巷道壁面水分蒸发进行处理。水分蒸发处理和计算的方法主要有放湿系数法、显热比法、湿度系数法等。其中前两种方法,在具体计算的时候都是分别假设放湿系数和显热比为不随散热过程变化的常数来进行计算的;经研究表明,在实际的散热过程中放湿系数和显热比都是随巷道壁面的温度、风流温度、壁面湿度系数和风流的相对湿度等因素的变化而变化的。因此,采用湿度系数法对壁面水分蒸发进行处理分析。

湿度系数 f 是常用来表示巷道壁面的湿润程度的重要参数。湿度系数又称为潮湿率,常被定义为从某一潮湿程度的壁面实际蒸发的水量和完全被水覆盖的潮湿壁面蒸发的水量之比;完全干燥壁面 $f=0$,完全潮湿的壁面 $f=1$,介于其间的潮湿状态壁面为 $0<f<1$。

巷道壁面完全湿润情况下(即完全被水膜覆盖),从巷道壁面向风流传递的水蒸气质量为:

$$m_s = \sigma(m_w - m)A \tag{6.16}$$

式中 m_s——单位时间内从壁表面蒸发的水分质量,kg/h;

m_w——完全湿润壁面近旁空气的含湿量,kg/kg 干空气;

m——风流的平均含湿量,kg/kg 干空气;

σ——壁表面的质量交换系数,kg/(m² · h)。

σ 可以根据局部换热系数 α,按照路易斯公式计算出来:

$$\sigma = \frac{\alpha}{c_p (Sc/Pr)^{2/3}} \tag{6.17}$$

式中 c_p——空气的比定压热容,kcal/(kg · ℃);

Sc——空气的施密特数;

Pr——空气的普朗特数。

对于水蒸气来说,取 $Sc/Pr = 0.854 \approx 0.9$。

在实际的巷道中一般不是完全被水覆盖,对于部分湿润的巷道壁面,引用湿度系数的概念,则从部分湿润巷道壁面向风流传递的水蒸气质量为:

$$m_s = f\sigma(m_w - m)A \tag{6.18}$$

所以,从单位壁表面积散发到风流的潜热热流密度 q_1 为:

$$q_1 = f\sigma L_v(m_w - m) \tag{6.19}$$

式中 L_v——水的蒸发潜热,kcal/kg。

从面积为 A 的巷道壁面散发到风流的潜热量为:

$$Q_1 = f\sigma L_v(m_w - m) \tag{6.20}$$

6.5 湿润壁面对流换热快速计算方法

6.5.1 潜热交换量计算

在湿润壁面对流换热体系中,干空气密度采用对流边界层平均温度下的干空气密度,常温下体系中湿润壁表面饱和水蒸气分压力及巷道风流水蒸气分压力基本在同一数量级且远小于同标高大气压力,同时引入路易斯关系。则由单位面积湿量交换引起的潜热交换量可表示为:

$$Q_q = \frac{0.622 \cdot \gamma \cdot \alpha_x}{c_p \cdot Le^{2/3} \cdot (B - p_f)} \cdot (p_{bb} - p_f)$$

$$= \frac{0.622 \cdot \gamma \cdot \alpha_x}{c_p \cdot Le^{2/3} \cdot (B - \varphi \cdot p_{fb})} \cdot (p_{bb} - p_f) = a_q \cdot (p_{bb} - p_f) \tag{6.21}$$

式中 Q_q——单位面积湿交换引起的潜热交换量,W/m²;

γ——水蒸气汽化潜热,J/kg;

c_p——空气常温下比定压热容,J/(kg · K);

a_x——显热交换对流换热系数,W/m²;

Le——路易斯数，$Le = \alpha/D$ [α 为热扩散系数（导温系数），m^2/s；D 为水蒸气扩散系数，m^2/s]；

B——大气压力，Pa；

p_{bb}——湿润巷道或工作面壁面饱和边界层水蒸气分压力，Pa；

p_f——巷道或工作面风流水蒸气分压力，Pa；

p_{fb}——巷道或工作面风流饱和水蒸气分压力，Pa；

φ——巷道或工作面风流相对湿度。

定义 $a_q = \dfrac{0.622 \cdot \gamma \cdot \alpha_x}{c_p \cdot Le^{2/3} \cdot (B - \varphi \cdot p_{fb})}$ 为按水蒸气分压力差计算的潜热交换系数。

根据潜热交换系数的定义式，则壁面完全湿润情况下，热湿交换体系中湿交换系数可表示为：

$$a_s = \frac{0.622 a_x}{c_p \cdot Le^{2/3} \cdot (B - \varphi \cdot p_{fb})} \tag{6.22}$$

式中 a_s——壁面完全湿润情况下热湿交换体系湿交换系数，$\text{g}/(\text{m}^2 \cdot \text{s} \cdot \text{Pa})$。

潜热交换系数 a_q 与显热交换对流换热系数 a_x 的量化关系分析及简化从式（6.21）可得：

$$\frac{a_q}{a_x} = \frac{0.622 \gamma}{c_p \cdot Le^{2/3} \cdot (B - \varphi \cdot p_{fb})} \tag{6.23}$$

又在常温条件下，水的汽化潜热可拟合成下列函数关系：

$$\gamma = 2\,497.848 - 2.324 t_w \tag{6.24}$$

其中 t_w——水温，对于湿润的巷道或工作面认为其等于湿壁表面温度 t_b，℃。

饱和水蒸气分压力是温度的单值函数，国内外常用的求饱和水蒸气分压力的经验公式较多，且多为较复杂的函数关系。为了简化工程计算，常温下（5～50 ℃）可近似将饱和水蒸气分压力拟合成温度的线性函数，计算式如下：

$$p_{bb} = 239 t_b - 1\,915$$
$$p_{fb} = 239 t_f - 1\,915 \tag{6.25}$$

将式（6.24）和式（6.25）代入式（6.23），整理得：

$$\frac{q_q}{a_x} = \frac{0.622 \times (2\,497.848 - 2.324 t_w)}{c_p \cdot Le^{2/3} \cdot [B - \varphi \cdot (239 t_f - 1\,915)]} \tag{6.26}$$

根据经典传热学理论可知，路易斯数反映热质交换体系中热边界层温度分布与质边层浓度分布之间的相互关系。当温度分布和浓度分布完全相似时，Le 等于 1；其他情况下，Le 均为小于 1 的数。

对于高温矿井井下巷道或工作面，当围岩温度超过 35 ℃时，仅采用通风的方法,采掘工作面温度将超过《煤矿安全规程》规定的 26 ℃。此时,应考虑采取人工制冷降温措施。据粗略估计,当围岩温度在 35～50 ℃ 范围内,采掘工作面风流温度在 26～37 ℃ 之间,在此温度范围内 Le 平均约为 0.892,干空气比热容为 1.005 kJ/(kg·℃)。

据统计,矿井内部风流相对湿度一般在 80%～100%,采区巷道和采煤工作面风流相对湿度一般在 90%～100%。

根据上述矿井温度、湿度条件,式(6.26)中,$2.324t_w \ll 2\ 497.848$,$\varphi(239t_f - 1\ 915) \ll B$。因此,将式(6.26)分子、分母中的"$2.324t_w$"项和"$\varphi(239t_f - 1\ 915)$"项同时忽略,并将上述 Le 和 c_p 值代入,则式(6.26)可简化为:

$$\frac{a_q}{a_x} = \frac{1\ 668.32}{B} \tag{6.27}$$

针对上述矿井温、湿度条件,任意假设大气压力、巷道表面温度、风流温度和湿度条件,然后按式(6.26)和式(6.27)分别计算 a_q/a_x,并求出两式的计算误差,详见表 6.2。

表 6.2 简化式(6.27)的计算误差分析

B/Pa	$t_b = t_w$ /℃	t_p/℃	φ/%	$(a_q/a_x)/(10^{-2}℃·Pa^{-1})$ 式(6.26)计算结果	$(a_q/a_x)/(10^{-2}℃·Pa^{-1})$ 式(6.27)计算结果	相对误差 /%
101 325	31	30	90	1.677	1.647	1.79
102 100	33	32	85	1.663	1.634	1.74
102 000	34	33	95	1.677	1.636	2.44
102 325	36	35	80	1.659	1.630	1.75
102 200	30	29	92	1.662	1.632	1.81
101 890	35	34	95	1.681	1.637	2.62
101 325	35	30	90	1.671	1.647	1.44
101 000	37	31	85	1.672	1.652	1.20
102 000	38	28	95	1.651	1.636	0.91
102 325	40	35	80	1.653	1.630	1.39
97 856	41	29	92	1.721	1.705	0.93
94 700	45	33	95	1.795	1.762	1.84

从表 6.2 可以看出,采用式(6.27)计算产生的相对误差约在 2%,说明对式(6.26)的简化处理是可行的。

6.5.2 湿壁表面换热量的计算

将式(6.25)、式(6.27)代入式(6.21),则:

$$p_{bb} - p_f = (239t_b - 1\,915) - \varphi \cdot (239t_f - 1\,915)$$
$$= 239(t_b - t_f) + 239(1 - \varphi)(t_f - 8.01)$$

$$Q_q = a_q \cdot (p_{bb} - p_f) = 239a_q[(t_b - t_f) + (1 - \varphi)(t_f - 8.01)] \quad (6.28)$$

从式(6.28)可以看出:潜热交换量和湿交换量与温差$(t_b - t_f)$有关。当$t_b >$ t_f时,潜热交换量和湿交换量一定大于0,潜热及湿传递方向,包括显热传递方向均为壁面到风流;当$t_b < t_f$时,潜热交换量和湿交换量有可能等于0、大于0、小于0,可用下式判断:

$$t_b = \frac{t_f + 8.01(1 - \varphi)}{2 - \varphi} \text{ 时}, Q = 0$$

经推算和理论分析,此时t_b应为风流状态的露点:

$$t_b > \frac{t_f + 8.01(1 - \varphi)}{2 - \varphi} \text{ 时}, Q > 0$$

$$t_b < \frac{t_f + 8.01(1 - \varphi)}{2 - \varphi} \text{ 时}, Q < 0$$

因此可得:第一,只要湿润壁面温度不低于通过风流的露点,潜热及湿传递方向即为壁面向风流的方向;但当$t_b < t_f$时,显热传递方向与潜热传递方向相反,为从风流向壁面传递;此时,壁表面水分蒸发需要的热量应该取自风流。第二,当湿润壁面温度低于通过风流的露点,风流中水蒸气凝结,湿传递方向为风流向壁面方向;同时,显热传递方向与湿传递方向相同;此时,风流中水分凝结释放的热量最终还将被低温壁面吸收掉一部分。第三,当$t_b > t_f$时,显热、潜热传递方向均从壁面到风流。但实践证明:当壁面温度与风流温度差较小时,壁面水分蒸发需要热量部分取自围岩,部分取自风流。水分蒸发过程既从岩壁中吸收热量,又从风流中吸收热量;从风流中吸收热量的比例一般在0.4~0.6。当壁面与风流温差较大时,水分蒸发需要的热量绝大部分取自围岩。

① 有潜热交换时潜热比系数的引入。将式(6.27)代入式(6.28)可得:

$$Q_q = \frac{398\,728.48}{B} \cdot a_x[(t_b - t_f) + (1 - \varphi)(t_f - 8.01)] \quad (6.29)$$

从式(6.29)可以看出:在巷道风流达到饱和状态情况下,矿井巷道湿壁体系水分蒸发引起的潜热交换量是显热交换量的数倍。为此,引入潜热比系数,用符号ξ_q表示。定义潜热比系数为:

$$\xi_q = \frac{398\,728.48}{B} \quad (6.30)$$

显然,当大气压力B为标准大气压力,即$B = 101\,325$ Pa,则当$\xi_q = 3.935$且巷道风流达到饱和状态($\varphi = 1$)时,则潜热交换量计算式(6.29)可改写为:

$$Q_q = \xi_q \cdot a_x \cdot (t_b - t_f) = \xi_q \cdot Q_x \tag{6.31}$$

由式(6.29)和式(6.31)可以看出:高温矿井湿润巷道表面对流换热强度较干燥表面对流换热强度大大增加,湿交换引起的潜热交换量占主导。在标准大气压下,风流相对湿度为100%时,湿润表面潜热交换量约为显热交换量的3.935倍。

② 巷道风流未达到饱和状态($\varphi < 1$)时的湿壁表面潜热交换量及湿交换量的计算。

将式(6.30)代入式(6.29)可得:

$$\begin{aligned} Q_q &= \xi_q \cdot a_x \cdot [(t_b - t_f) + (1 - \varphi) \cdot (t_f - 8.01)] \\ &= \xi_q \cdot a_x \cdot [(2 - \varphi) \cdot (t_b - t_f) + (1 - \varphi) \cdot (t_f - 8.01)] \end{aligned} \tag{6.32}$$

再根据湿交换量与潜热量间的关系,可得湿润表面湿交换量计算式:

$$\begin{aligned} m_s &= \frac{\xi_q \cdot a_x}{\gamma} \cdot [(t_b - t_f) + (1 - \varphi) \cdot (t_f - 8.01)] \\ &= \frac{\xi_q \cdot a_x}{\gamma} \cdot [(2 - \varphi)(t_b - t_f) + (1 - \varphi) \cdot (t_f - 8.01)] \end{aligned} \tag{6.33}$$

综上所述,引入潜热比系数,计算湿润壁面对流换热量和湿交换量时,只要已知巷道表面温度、风流温度、风流相对湿度及显热对流换热系数即可进行,不需其他围岩及风流物性参数,使湿壁体系对流热交换量及湿交换量的计算变得简便、易行。

6.5.3 巷道表面部分湿润时的传热量计算

上述计算式是假设巷道表面完全潮湿情况下推导出来的。但是实际矿井巷道不可能处于完全潮湿状态。因此,对于实际矿井巷道,上述计算式必须进行潮湿程度的修正。

对于部分潮湿巷道表面,引入湿度系数 Ψ 后,巷道风流潜热交换量的计算公式(6.32)可改写为:

$$\begin{aligned} Q_q &= \Psi \cdot \xi_q \cdot a_x \cdot [(t_b - t_f) + (1 - \varphi) \cdot (t_f - 8.01)] \\ &= \Psi \cdot \xi_q \cdot a_x \cdot [(2 - \varphi) \cdot (t_b - t_f) + (1 - \varphi) \cdot (t_f - 8.01)] \end{aligned} \tag{6.34}$$

此时,部分潮湿巷道表面潜热比系数较巷道表面完全湿润时的潜热比要小,用符号 ξ 表示。则:

$$\xi = \frac{398\,728.48 \cdot \Psi}{B} \tag{6.35}$$

在不同大气压、不同湿度系数下的潜热比系数见表6.3。

表 6.3 不同大气压、不同湿度系数下的潜热比系数

B/Pa	Ψ							
	0.05	0.10	0.15	0.20	0.25	0.30	0.35	0.40
101 325	0.20	0.39	0.59	0.79	0.98	1.18	1.38	1.57
110 742	0.18	0.36	0.54	0.72	0.90	1.08	1.26	1.44

注:表中压力为 110 742 Pa 是假设地面大气压为标准大气压 101 325 Pa、井深 800 m、风流平均密度为 1.2 kg/m³、风流静止情况下的井底水平空气压力值。

根据表 6.3 计算的潜热比系数值可得:实际矿山井下巷道,由于水分蒸发增加的热交换量约为完全干燥表面显热交换量的 0.20~1.57 倍。

7 掘进工作面进风除湿量、需冷量的 计算与风流模拟

7.1 掘进巷道内湿空气热力状态参数点的计算

7.1.1 掘进巷道内湿空气特征分析

风流在掘进巷道的热交换主要是通过与局部通风机连接的风筒进行的,在一般情况下(风筒内无空冷器和湿源),它是一个等湿增焓(等湿加热)过程。同时,由于掘进巷道内外差一般都不大,所以可以认为在特定的一段巷道内,其大气压力是不变的。

7.1.2 局部通风机出口风温的确定

当局部通风机运转时,风流通过通风机的瞬间是一个等湿增焓过程,因焓(i)本身是温度(t)的单值函数[$i=f(t)$],所以该过程也是一个等湿升温的过程,其温升值由通风机所耗电能的一部分转换而来,没有向外放热,全部传给风流。流动工质(质量流量的空气)的总能量包括物质本身的储存能及流动功。通风机所耗电能部分转化成热能对空气进行加热,部分则对流动工质做功,使其速度改变,动能增加。对单位质量的流动空气,其储存能量的增加量($Q_{吸}$)刚好等于局部通风机的放热量($Q_{放}$),即 $Q_{吸}=Q_{放}$,其中:

$$Q_{吸}=M_{B1}c_p(t_1-t_0) \tag{7.1}$$

$$Q_{放}=K_B N_e \tag{7.2}$$

因此,有

$$M_{B1}c_p(t_1-t_0)=K_B N_e \tag{7.3}$$

整理即可得到局部通风机出口温度的计算式:

$$t_1=t_0+K_B\frac{N_e}{M_{B1}c_p} \tag{7.4}$$

式中　t_0——局部通风机入口处通风大巷中的风温,℃;

　　　K_B——局部通风机的放热系数,可取 0.55～0.7;

　　　N_e——局部通风机的额定功率,kW;

M_{B1}——局部通风机的吸风量（质量流量），kg/s。

7.1.3 风筒出口风温的确定

如图 7.1 所示，风流从断面 1 到断面 2 全部处在风筒中，忽略该过程中巷道与风筒间的热辐射换热、风筒内风流摩擦生热和空气的含湿量变化，认为风筒内进风流仅与掘进巷道内回风流发生热交换，即等湿增焓过程。由于通风机出口 1 点的温度可以求得，故可以以 1 点空气温度为起始点，沿风筒预测风筒出口 2 点的空气温度。

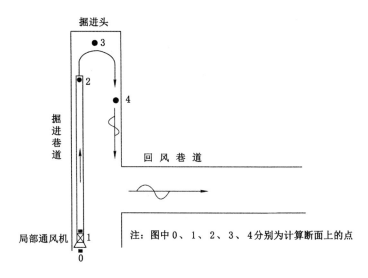

图 7.1 掘进巷道各断面风温计算示意图

由水平巷道风流热交换的微分方程可知，质量流量的风流经过风筒时的焓增仅与掘进巷道内风流传递的热量及断面 1、2 之间的位差有关，故可得到风筒中风流流过风筒的热交换微分方程：

$$M_B c_p \mathrm{d}t = KF \mathrm{d}t' + M_B g \mathrm{d}z \tag{7.5}$$

对上式进行积分可得：

$$M_B c_p (t_2 - t_1) = K_t F_t (t_B - t_b) + M_B g (z_2 - z_1) \tag{7.6}$$

式中参数 M_B、t_b 分别为风筒内风流的平均质量流量和平均温度，可根据始、末两端参数的平均值计算，即 $M_B = \dfrac{M_{B1} + M_{B2}}{2}$、$t_b = \dfrac{t_1 + t_2}{2}$，将其代入上式可得：

$$\frac{M_{B1} + M_{B2}}{2} c_p (t_2 - t_1) = K_t F_t \left(t_B - \frac{t_1 + t_2}{2} \right) + \frac{M_{B1} + M_{B2}}{2} g (z_2 - z_1) \tag{7.7}$$

将式（7.7）方程两边乘以 $\dfrac{2}{M_{B1}}$ 可得：

$$t_2 - t_1 = \frac{K_t F_t}{\left(1 + \dfrac{M_{B2}}{M_{B1}}\right) M_{B1} c_p}(2t_B - t_1 - t_2) + g(z_2 - z_1) \quad (7.8)$$

令$\dfrac{M_{B2}}{M_{B1}} = P$，$\dfrac{K_t F_t}{(1+P)M_{B1}c_p} = N_t$，整理上式，即可得到风流流经风筒进行热交换后，在风筒出口的风温计算公式：

$$t_2 = \frac{2N_t t_B + (1 - N_t)t_1 + g(z_2 - z_1)}{1 + N_t} \quad (7.9)$$

如果掘进巷道始末两端没有位差，即$z_1 = z_2$时，上式可直接写为：

$$t_2 = \frac{2N_t t_B + (1 - N_t)t_1}{1 + N_t} \quad (7.10)$$

对于单层风筒：

$$K_t = \left(\frac{1}{\alpha_1} - \frac{1}{\alpha_2}\right)^{-1} \quad (7.11)$$

对于隔热风筒：

$$K_t = \left(\frac{1}{\alpha_1} + \frac{1}{\alpha_2}\frac{D_2}{D_1} + \frac{D_2}{2\lambda}\ln\frac{D_1}{D_2}\right)^{-1} \quad (7.12)$$

式中　t_B——风筒外平均风温，℃；

　　　z_1——风筒入口处标高，m；

　　　z_2——风筒出口处标高，m；

　　　K_t——风筒的传热系数，$kW/(m^2 \cdot ℃)$；

　　　F_t——风筒的传热面积，m^2；

　　　P——风筒的有效风量率，$P = M_{B2}/M_{B1}$；

　　　M_{B2}——风筒出口的有效风量，kg/s；

　　　α_1——风筒外对流换热系数，$kW/(m^2 \cdot ℃)$，$\alpha_1 = 0.006(1 + 1.471 \cdot$
　　　　　$\sqrt{0.661\,5V_b^{1.6} + D_1^{-0.5}})$（$V_b$为巷道中的平均风速，m/s）；

　　　α_2——风筒内对流换热系数，$kW/(m^2 \cdot ℃)$，$\alpha_2 = 0.007\,12D_2^{-0.25}V_m^{0.75}$（$V_m$
　　　　　为风筒内的平均风速，m/s）；

　　　λ——隔热层的导热系数，$kW/(m^2 \cdot ℃)$；

　　　D_1——隔热风筒外径，m；

　　　D_2——风筒内径，m。

7.1.4　掘进头风温的确定

从风筒（断面 2）射出的风流流经掘进迎头（断面 3）处时，受到新暴露出来的巷壁散热、机电设备散热，以及淋水或生产用水的蒸发影响，风流温度、湿度都将增加，是一个增湿、增焓过程。

质量流量风流在这个过程中所吸收的热量为原岩放热量 $\alpha F\Delta t'$ 与局部设备散热 $\sum Q_m$ 总和，而其焓增 Δi 则由风流的温、湿度变化所表现出来，即 $Mc_p\Delta t$ 和 $M\gamma_0\Delta x$。因此，风流从风筒流入掘进头的热平衡方程为：

$$M_{B2}c_p\mathrm{d}t + M_{B2}\gamma_0\mathrm{d}x = \alpha F\mathrm{d}t' + \sum Q_m \tag{7.13}$$

对方程进行积分处理，将始末两端参数代入方程，则上式可变为：

$$M_{B2}[c_p(t_3 - t_2) + \gamma_0(\varphi_3 x_{3s} - x_2)] = \alpha F\left(t_{gu} - \frac{t_2 + t_3}{2}\right) + \sum Q_m \tag{7.14}$$

其中湿空气的含湿量：

$$x = 0.622\frac{\varphi b(t + \varepsilon)}{B - P_m}$$

整理可得掘进头处的风流温度 t_3：

$$t_3 = \frac{1}{R}[(1 + E\varphi_2 - M)t_2 + 2Mt_{gu} + S] \tag{7.15}$$

其中：$R = 1 + M + E\varphi_3$；$S = (2KM_{B1}c_p)^{-1}\sum Q_{M3} - E\Delta\varphi\varepsilon$；$E = 2.4876A$，$A = 622\frac{b}{B - P_m}$。

式中　α——掘进头处围岩与风流的无因次不稳定换热系数，$kW/(m^2 \cdot ℃)$；

　　　　F——掘进头处围岩散热面积，m^2；

　　　　γ_0——0 ℃时水蒸气的汽化潜热，取 $\gamma_0 = 2501 \times 10^3$ J/kg；

　　　　$\sum Q_{M3}$——掘进头处局部热源散热之和，kW；

　　　　φ_2,φ_3——风流在断面 2、3 处的相对湿度，%；

　　　　b,ε,P_m——由风温确定的常系数，可从表 7.1 中选取。

表 7.1　b,ε,P_m 等值表

风温/℃	b	ε	P_m
1～10	61.978	9.324	1 016.12
11～17	50.274	19.979	1 459.01
17～23	144.305	−3.770	2 108.05
23～29	197.838	−8.988	3 028.41
29～35	268.328	−14.288	4 281.27
35～45	393.015	−22.958	6 497.05

7.1.5 风流返回大巷时风温的确定

对于压入式通风条件下的掘进巷道,质量流量的风流(掘进头排出的污风)流经断面 3 与断面 4 时,分别与围岩、机电设备以及风筒内新鲜风流发生热交换,进而使得 3、4 断面产生焓差,并通过热平衡方程最终求得断面 4 处的风流温度。

7.1.6 冷损的计算

风流在风筒内通过,沿途有与外界的对流换热,还有一定量的漏风。因此,采用风筒输送冷风时,其冷量损失又分为两部分:风筒壁传热损失、风筒漏风引起的冷量损失。

① 通过风筒壁传热冷量的损失:

$$Q_s = K_t \cdot (t_f - t_{1f}) \cdot 2\pi R \cdot L / 1\ 000 \tag{7.16}$$

式中　K_t——风筒的传热系数,$kW/(m^2 \cdot \text{℃})$;

　　　t_f——安装风筒巷道内的风流温度,℃;

　　　t_{1f}——风筒内冷风温度,℃;

　　　R——风筒半径,m;

　　　L——风筒长度,m。

② 风筒沿途漏风冷量的损失:

$$Q_{LS} = G_L \cdot (i_J - i_c) \tag{7.17}$$

式中　i_J——巷道内的风流状态焓值,kJ/kg;

　　　i_J——空冷器出口风流状态焓值,kJ/kg;

　　　G_L——风筒沿途漏风量,kg/s。

7.2 不同状况下降温设备与除湿降温设备除湿量、需冷量的确定

通过对风流热湿交换规律及掘进工作面降温冷损的分析,可以看出,如果通风距离过长,降温后风筒的风流会随着与外界换热温度逐渐升高,最后达到与外界环境接近的温度,而除湿降温设备采用温度、湿度分别控制的技术,可以提高除湿后风流的温度,降低其含湿量,减少冷量损失,因此,长距离送风的温、湿度计算方法如下:

井下掘进工作面工作人员主要集中在距掘进头 100 m 范围之内,即 M 点以里(图 7.2)。假定井下工作人员的极限工作状况:干球温度为 27.5 ℃、相对湿度为 100%,对应含湿量为 $d_1 = 22.693$ g/kg。

(1) 除湿降温设备在长距离送风情况下除湿量、需冷量的计算

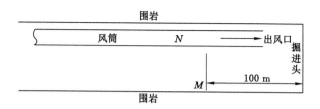

图 7.2　掘进工作面示意图

① 通过计算可确定从 M 点到掘进头、出风口处围岩蒸发水量、生产用水蒸发量等能增加空气水汽的工况，总蒸发量记为 d_2。通过传热、传质计算，可确定出口空气温度对应值 T_{out}。

② 可计算风筒出风口处空气含湿量值 $d_{out}=d_1-d_2$，即为除湿器出风口所需含湿量（由于风在风筒运行过程中，温度升高，含湿量不变）。

③ 测定除湿降温设备入口空气温度 T、含湿量 d_{in}，则可以确定空冷器需除去含湿量值 $d=d_{in}-d_{out}$。

④ 根据进、回风干球温度、除湿量 d 及进风量，计算出相对应的溶液流量、浓度。通过进、出除湿降温设备的焓值差，可以确定最小的需冷量。

⑤ 根据除湿降温设备的 COP（制冷效率）值，确定其所需的输入功率。

（2）现有的降温设备（空冷器）需冷量的计算

① 通过计算可确定从 M 点到掘进头、出风口处围岩蒸发水量、生产用水蒸发量等能增加空气水汽的工况，总蒸发量记为 d_2。通过传热、传质计算，可确定出口空气温度对应值 T_{out}。

② 计算出风口处空气含湿量值 $d_{out}=d_1-d_2$，即为除湿器空冷器出风口所需含湿量；测定空冷器入口空气含湿量 d_{in}，则可以确定空冷器需除去含湿量值 $d=d_{in}-d_{out}$。

③ 由于现有的空冷器利用铜管壁面与空气接触进行传热交换，交换过程中有大量水汽析出，造成经过空冷器的出口空气相对湿度差值将达到 100%，根据出口含湿量 d_{out} 值，查含湿量表能够得知对应的处理后的空气温度值 T。

④ 根据进、出空冷器的风流的焓值差，可确定所需要的最低能量。

⑤ 根据空冷器的换热效率和制冷设备的 COP 值，可确定其输入功率的大小。

（3）除湿降温设备在短距离送风情况下除湿量、需冷量的计算

对于短距离送风，通过降温设备（空冷器）处理后的风筒中的风流没有全部损失，到迎头后的空气还具有一定的降温能力，假定 M 点达到极限温度指标。

① 通过传热、传质分析，可确定风筒出口的含湿量 d_{out}，风筒出口的温度 T_{out}。

② 通过对风筒冷损的计算公式，可以确定处理后空气的温度 T。

③ 对于空冷器，要除湿必须达到露点，相对湿度为 100%，由含湿量可以确定其干球温度 T_{in}。

若 $T_{in}=T$，M 点的温、湿度恰好满足要求，所需能量最小。

若 $T_{in}>T$，则以 T 作为降温温度，同时含湿量可以进一步降低，提高降温效果，所需能量增加。

若 $T_{in}<T$，则以 T_{in} 作为降温温度，同时温度可以进一步降低，提高降温效果，所需能量增加。

对于除湿降温设备，短距离送风可以按照上面的计算方法，调节溶液的温度和浓度，达到所需要的温、湿度。

7.3　工作地点风流温、湿度模拟

7.3.1　边界条件设置

假设风流为低速不可压缩气体，密度符合 Boussinesq 近似假设，可忽略由流体的黏性力做功所引起的耗散热；风流流动充分发展，为高雷诺数的湍流流动，湍流黏性具有各向同性；围岩表面温度均匀分布，且热物性参数为常数；巷道形状假设为矩形巷道断面，壁面粗糙度均匀。

① 入口边界：湍流动能 $k=0.05u^2$，湍流动能耗散率 $\varepsilon=k^{1.5}/0.03$，风量 $Q=3.4$ m³/s，送风温度 $t=29$ ℃，相对湿度为 85%，进口型，湿空气，相对湿度为 85%；风速为 11.9 m/s，温度为 29 ℃。

② 出口边界：出口型，自由回流，相对压力为 0 atm（1 atm＝101 325 Pa），自由回流。

③ 壁面边界：所有壁面施加无滑动边界条件，假设表面温度均匀分布，巷道两侧壁面温度及顶、底板壁温按照实测数据取平均值：两侧及顶、底板壁温为 31 ℃，壁面粗糙度为 0.05 m。掘进面粗糙度为 0.05 m，壁温为 31.5 ℃。风筒壁为光滑壁面，温度为 30 ℃。

④ 巷道中水分的蒸发，蒸发量为 1 kg/(m³·h)，水汽的温度为 304 K。

⑤ 模型尺寸：4 m×4 m×10 m。

⑥ 风筒紧靠壁面，风筒直径为 0.8 m，长度为 6 m。

7.3.2　模型的建立

流体模型通过 Ansys workbench 自带的建模软件建立。模型如图 7.3 所示。网格划分:网格的质量决定计算结果和精度。网格划分方案:网格划分采用自由划分生成单元数 160 270 个,节点数 58 257,网格如图 7.4 所示。

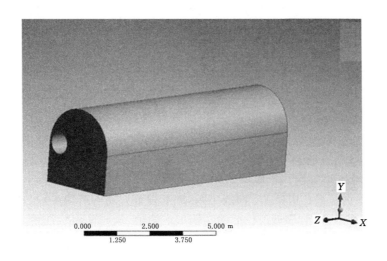

图 7.3 流体模型

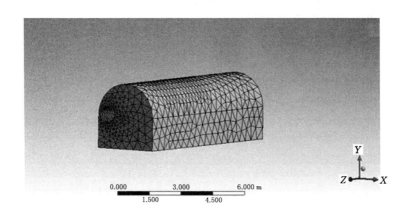

图 7.4 网格模型

7.3.3 巷道流场分布数值模拟与实测数据的比较

7.3.3.1 数值模拟

模拟实际未经过处理的空气经过巷道的流场分布,空气相对湿度为 85%,风量为 350 m³/min,送风温度为 29 ℃。

（1）速度场分布

从图 7.5、图 7.6 的速度场图可以知道自风筒内以一定速度射出气流为有限空间射流。风筒靠近壁面，风流从风筒流出后，形成射流、回流和涡流三种气流形态。射流以一定的速度射出，具备一定动量与能量且在动量、能量大小适宜的情况下冲击迎头壁面并反射将形成回流或者动量大小不足未达到迎头壁面就已经开始脱落，气流反向而形成回流。在射流范围内，巷道内气流是高度掺混、搅拌的紊流流态，在射流和回流层之间形成涡流层或靠近迎头面形成尾部涡旋。射流速度随着射程的增大而逐渐减小，射流断面呈椭圆形平面扩展。同时因风筒口送风口风筒断面较小，射流速度较大，形成一定的负压卷吸风筒周围附近空气，靠近风筒送风口的速度仍沿巷道进风方向。从图 7.5、图 7.6 可以看出：当气流以 11.9 m/s 的速度从风筒射出后，射流速度沿送风方向逐渐减小，射流断面呈椭圆形平面扩展。由图 7.7 曲线可知，随着巷道长度的增加，风速是逐渐减小的，在距风筒 2 m 处，靠近工作面的一侧形成峰值，从风筒出口往后，风速减小，在巷道出口处的风速在 1 m/s 以下。

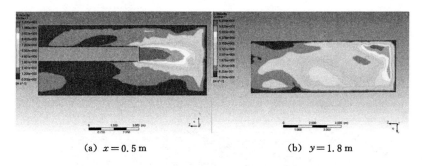

(a) $x=0.5$ m　　　　　　　　(b) $y=1.8$ m

图 7.5　速度云图

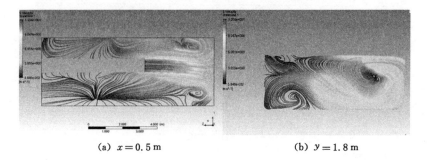

(a) $x=0.5$ m　　　　　　　　(b) $y=1.8$ m

图 7.6　速度流线图

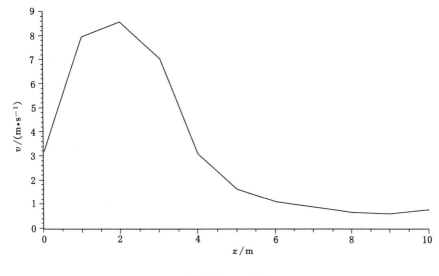

图 7.7 $v\text{-}z$ 曲线

（2）温度场分布

结合图 7.8 可知,靠近掘进工作面处因送风速度大,风流带走大量的热量,因此工作面处的温度低于回风侧。巷道空间因热气流受热上浮,靠近顶板区域温度高。从数值模拟结果可知巷道内空气温度达到 30.8 ℃,与送风温度仅相差 0.8 ℃。温度在回风区逐渐增大,在 0~4 m 的范围内,温度较低(图 7.9)。

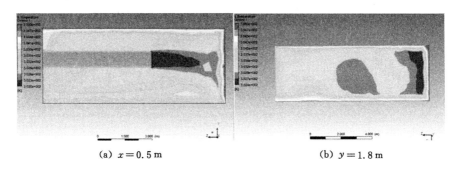

（a）$x = 0.5$ m   （b）$y = 1.8$ m

图 7.8 温度分布云图

（3）相对湿度

在矿井热环境中,相对湿度是衡量矿井空气潮湿度的一个重要指标,反映人体热舒适性的重要参数,对人体热平衡有着重要影响。相对湿度越大,表示空气越接近饱和程度,人体排汗散热困难,使人感觉空气闷热潮湿。在空气温度较高

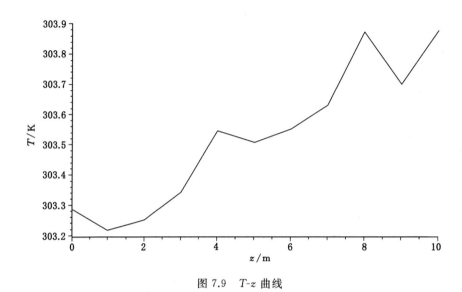

图 7.9 T-z 曲线

条件下,人体主要通过靠汗液蒸发散热,维持自身热平衡。若人体热量得不到及时的散发,造成热量蓄积,破坏人体热平衡,使人感到闷热难受,精神疲倦,产生昏昏欲睡、性情烦躁等症状,甚至会发生呕吐、昏倒、中暑等现象。若矿工们长期在潮湿环境下作业将影响身心健康,使体质下降引发疾病。通过模拟没有经过除湿处理的空气,进口相对湿度为 85%,巷道初始相对湿度为 90%,经过长时间的通风处理后,由图 7.10、图 7.11 可知,在靠近掘进面处相对湿度总体上要比回风处的相对湿度要小,但是总体的湿度还是很大的,大约为 90%。风筒送风口相对湿度为 85%,通过掘进工作面后相对湿度增幅达到 5%~10%。风筒以上靠近顶板的温度比较高的,此处的相对湿度也比较高,在 92% 以上,原因是水汽的密度相对于干空气要低很多,则水汽相对于干空气会更多地分布于巷道上部。相对湿度自风筒口沿巷道出口方向即回流区域逐渐增加,沿送风方向减小。因此,有必要降低送风相对湿度,以减少掘进作业面空气湿度。

7.3.3.2 实测结果与数值模拟的比较

图 7.12、图 7.13、图 7.14 分别为通过风筒中心纵断面(x = 0.5 m、x = 1 m、x = 1.5 m)风流速度、温度、相对湿度的分布曲线。通过比较数值模拟的结果和实测结果,可以得到,在相同位置处的风流速度、温度、相对湿度的变化规律是一致的,而且和实测结果的误差不差过 5%。在风筒出风口处(z = 4 m)风流相对湿度较大,其原因为靠近风筒壁面处的风速较小,带走的水汽较少,从而导致在出口下方处的湿度梯度变化剧烈且出口附近的相对湿度较高。通过模拟得到的速度曲线分布情况为靠近工作面处的速度较大,越往后速度越小,在巷道出风口

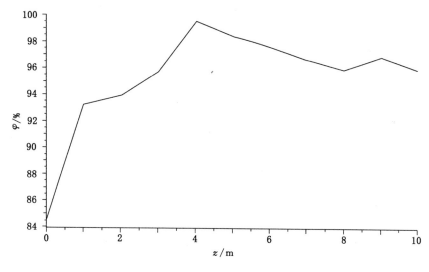

图 7.10　$\varphi\text{-}z$ 曲线

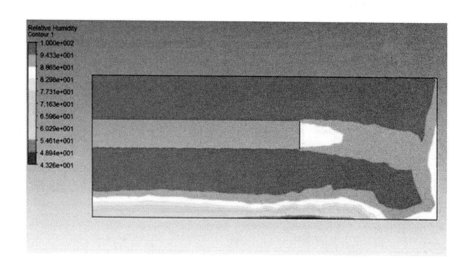

图 7.11　相对湿度云图

处的速度在 1 m/s 以下,和实测数据吻合的很好。模拟得到的温度变化规律也和现场实测温度的变化规律一致。因此,数值模拟结果与实测结果相比较其误差在 5% 以内,各参数变化规律符合实际情况,可以认为模拟得到的结果是可信的。

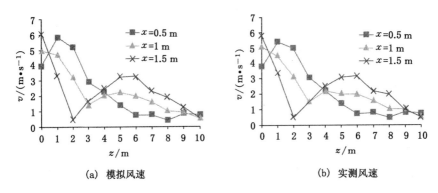

(a) 模拟风速   (b) 实测风速

图 7.12 风流速度分布曲线

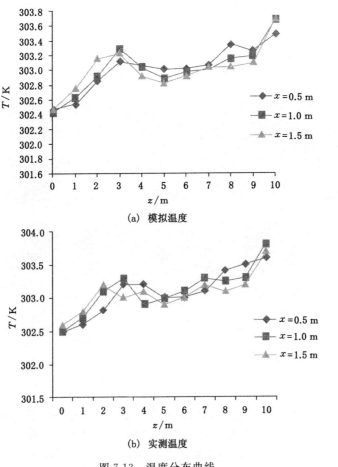

(a) 模拟温度

(b) 实测温度

图 7.13 温度分布曲线

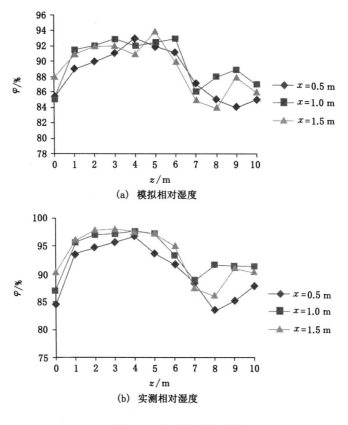

(a) 模拟相对湿度

(b) 实测相对湿度

图 7.14　相对湿度分布图

7.3.4　改变送风条件对巷道流场分布影响的数值模拟

7.3.4.1　增大风量对流场分布影响的模拟

为了改善通风效果,采用一般的通风降温,即增大风量。在掘进作业面有限空间内,因风筒射流速度逐渐衰减,风筒距离工作面的远近、风筒出口风速影响掘进工作面的通风效果。在送风量为 350 m³/min,送风温度为 29 ℃,相对湿度为 60% 的基础上逐渐增加送风量,取送风量 Q 为 400 m³/min、450 m³/min、500 m³/min,模拟不同风量大小下流速场分布、温度场分布及相对湿度。

(1) 速度场分布

在不同送风量下过风筒中心纵断面($x = 0.5$ m)的速度大小及矢量图如图 7.15 所示。图 7.15(a)中 $Q = 400$ m³/min,大部分区域风流速度为 0.55 m/s,图 7.15(b)中 $Q = 450$ m³/min,大部分区域风流速度为 0.6 m/s,图 7.15(c)中 $Q = 500$ m³/min,大部分区域风流速度为 0.7 m/s。

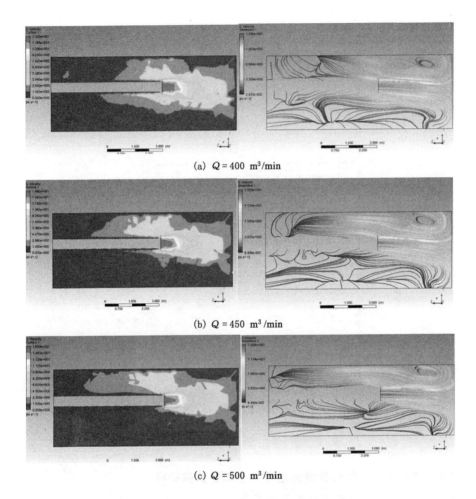

(a)　$Q = 400$　m^3/min

(b)　$Q = 450$　m^3/min

(c)　$Q = 500$　m^3/min

图 7.15　$x = 0.5$ m 时的速度分布图

随着送风量的增加,风筒出口风速由 13 m/s 增加到 16 m/s,射流区相同位置处的风速有所增大,风流通过风筒以上空间回流的区域有所增大。靠近风筒口位置,顶、底板及工作面迎头处风流速度变化梯度大,在工作面迎头风流碰撞后反射折返运动。并且由速度流线图可知,在掘进面附近,气流形成涡流,气流反向而形成回流。

（2）温度场分布

从截面上的温度分布可以看出,最低温度为风筒送风口的 302.6 K,最高温度为 304.9 K。靠近巷道顶板区域温度高于底板区域,这与热气流的受热上浮运动有关。从图 7.16($x = 0.5$ m)截面上的温度分布可看出,掘进工作面附近的温度低于回风侧,这与风筒送风温度低于原巷道空气温度相一致。当风量加大时,由于风筒直径不变,则风筒出口风速会增大,气流的动能增大,所含冷量变大,巷道内温度有所降低。对照图 7.16(b)、(c),当从 $Q=400\ \text{m}^3/\text{min}$ 增大到 $Q=500\ \text{m}^3/\text{min}$ 时,巷道内气流温度整体有所降低,但是降温幅度很小。与前面速度场大小分布类似,继续增加风量并不能很好地降低环境温度。

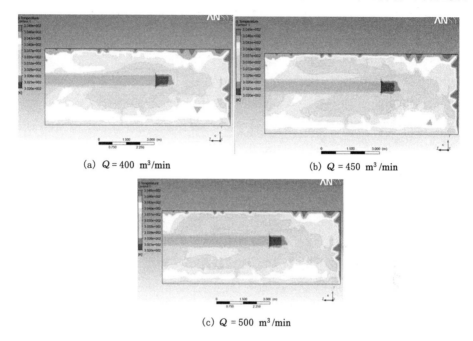

(a) $Q=400\ \text{m}^3/\text{min}$ (b) $Q=450\ \text{m}^3/\text{min}$

(c) $Q=500\ \text{m}^3/\text{min}$

图 7.16 $x=0.5$ m 时的温度分布图

（3）相对湿度

相对湿度分布曲线如图 7.17 所示,风筒出口处剧烈的湿度梯度变化,其原因为靠近风筒壁面处的风速较小,带走的水汽相对较少。从图中可以看出回流区域空气湿度比较大,迎头处的湿度较低,这都与工程实践相符合。随着送风量的增加,整个掘进空间气流相对湿度比较均匀,最低位于风筒送风口为 79% 左右,与相同位置处的实测相对湿度相差不大。

7.3.4.2   降低送风温度对流场分布影响的模拟

送风温度一般很难控制,这是因为较长距离的风筒送风,受沿途巷道热源的影响,风筒与围岩之间发生导热、对流热交换,必然引起温度的升高,其升高的幅度难以控制,结合唐口煤矿实测数据可知,送风距离为 1 100 m,进风处温度到达掘进头最高可升高 6 ℃。因此,在采取矿井空调降温下,送风量为

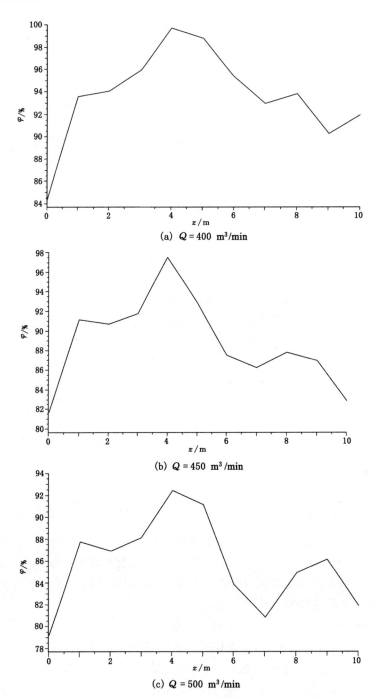

(a) $Q = 400\ \mathrm{m^3/min}$

(b) $Q = 450\ \mathrm{m^3/min}$

(c) $Q = 500\ \mathrm{m^3/min}$

图 7.17 $x=0.5\ \mathrm{m}, y=1.5\ \mathrm{m}$ 时的相对湿度分布曲线图

350 m³/min,相对湿度为 85% 的基础上依次降低送风温度,取送风温度 t 为 28 ℃、26 ℃、24 ℃。

整个掘进工作面的速度场分布、温度场分布及相对湿度如图 7.18、图 7.19、图 7.20 所示。当依次降低送风温度时,掘进工作面风流的速度以及速度的变化规律基本保持不变,相对湿度变化也不是很明显,但是当送风温度为 24 ℃时,风流平均温度下降明显(从 303 K 降低到 298 K,降幅为 5 K)。单纯降低送风温度,并未降低空气相对湿度,相对湿度仍然比较高,且曲线的变化趋势是一致的,在回风口处的湿度最高,但总体上相比湿度是略有下降。经以上分析可知降低温度对速度场和湿度的影响不大,变化幅度较小。但是降低温度,对掘进工作面短距离送风有降温效果,对长距离送风,根据现场实测数据,降温效果不是很好。

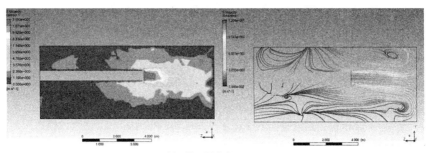

(a) 送风温度为 28 ℃

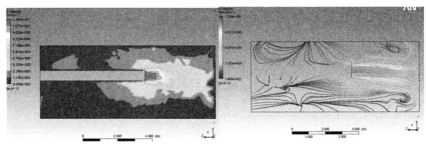

(b) 送风温度为 26 ℃

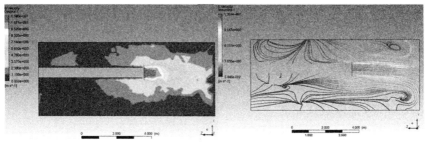

(c) 送风温度为 24 ℃

图 7.18 x＝0.5 m 时的速度分布图

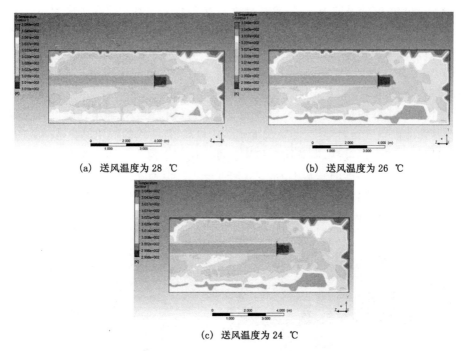

(a) 送风温度为 28 ℃   (b) 送风温度为 26 ℃

(c) 送风温度为 24 ℃

图 7.19　$x=0.5$ m 时的温度分布图

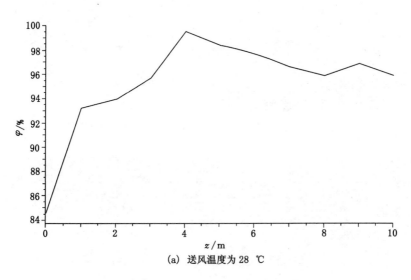

(a) 送风温度为 28 ℃

图 7.20　$x=0.5$ m 时的相对湿度分布图

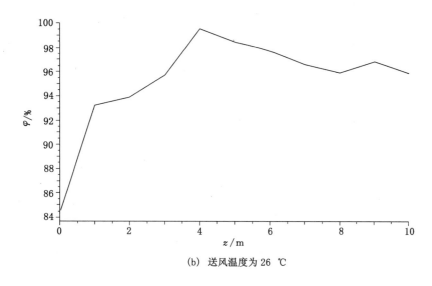

(b) 送风温度为 26 ℃

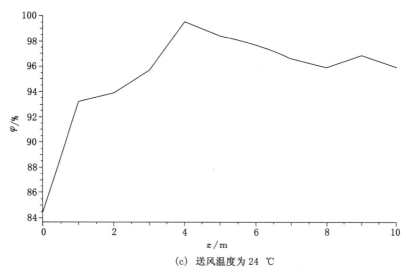

(c) 送风温度为 24 ℃

图 7.20 （续）

7.3.4.3 降低送风相对湿度对流场分布影响的模拟

在送风量为 350 m³/min，送风温度为 29 ℃，相对湿度为 60% 的基础上逐渐降低送风相对湿度，取送风相对湿度分别为 70%、60%、50% 模拟不同风量大小下流速场分布、温度场分布及相对湿度。

（1）速度场分布

图 7.21 为 $Q = 350$ m³/min、$t = 29$ ℃，送风湿度为 70％、60％、50％，$x = 0.5$ m 时的风筒中心截面上的风流速度分布。比较图 7.21（a）、（b）、（c）可知，降低湿度对速度流场的分布影响不大，风筒口的速度最大，靠近工作面迎头逐渐减小，大部分区域风速较小，回风口处的速度最小。

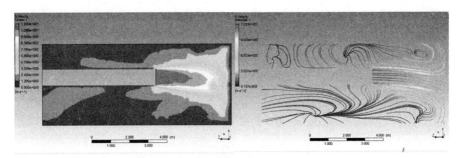

(a) 相对湿度为 70%

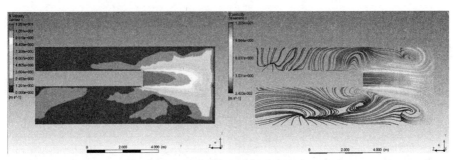

(b) 相对湿度为 60%

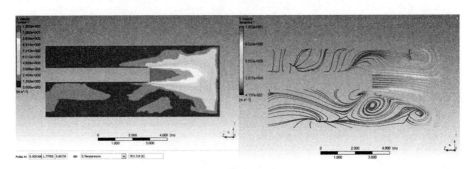

(c) 相对湿度为 50%

图 7.21　$x = 0.5$ m 时的速度分布图

（2）温度场分布

由图 7.22(a)、(b)、(c)可知,送风口靠近掘进侧工作面处因送风速度大,风流带走大量的热量,因此工作面处的温度低于回风侧。巷道空间因热气流受热上浮,靠近顶板区域温度高。随着送风相对湿度的降低,靠近地面的温度也会降低,这是因为空气中的水汽饱和度降低,通过风流带走的热量则相对增加,从数值模拟结果可知地面附件温度达到 29.4 ℃,与送风温度仅相差 0.4 ℃。温度在回风区逐渐增大,风筒上部区域的温度比较高。总体温度分布在 29～31 ℃ 之间,工作区域的平均温度为 30 ℃。

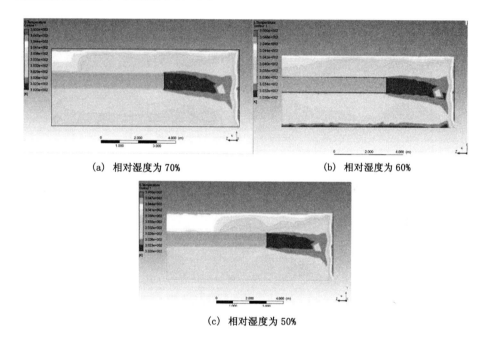

（a）相对湿度为 70%   （b）相对湿度为 60%

（c）相对湿度为 50%

图 7.22 $x = 0.5$ m 时的温度分布图

（3）相对湿度

如图 7.23 所示,在送风相对湿度降低的情况下,整个巷道的相对湿度在不断地降低。送风相对湿度为 70% 的情况下,工作面处的相对湿度约为 75%～85%;送风相对湿度为 60% 的情况下,工作面处的相对湿度约为 65%～75%;送风相对湿度为 50% 的情况下,工作面处的相对湿度约为 55%～65%。所以降低送风相对湿度有助于降低工作面的相对湿度,改善工作环境。而且整个巷道内的湿度也在降低,相比之下风流温度随着相对湿度的降低而明显降低。表明相对湿度对人体散热、散湿有显著的影响。

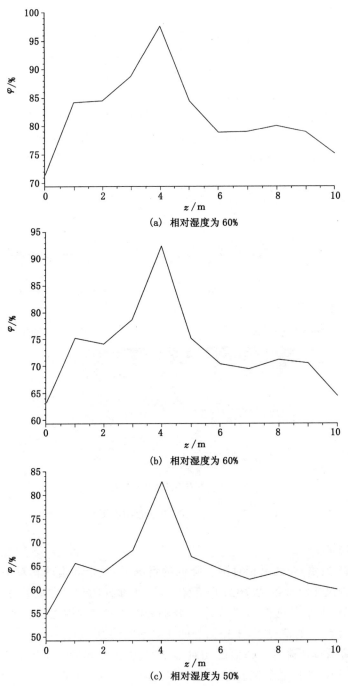

图 7.23 $x=0.5$ m, $y=1.5$ m 时的相对湿度曲线分布图

综上所述,在进口相对湿度为 60％及以下的时候,巷道中的湿度分布有利于工人的工作,而且在送风相对湿度为 60％时巷道中的平均风流温度要小于送风相对湿度为 70％的情况,空气经过除湿处理后明显有利于工作环境的改善。

8 综掘工作面除湿降温实践

8.1 矿井降温现状

山东唐口煤业有限公司是淄矿集团在济北煤田投资新建的一座现代化大型矿井,设计年产量为 300 万 t。经过几年的施工建设,井下现已形成了 2 个采煤工作面、10 个掘进工作面的开采规模。

本井田平均地温梯度为 2.0 ℃/100 m,即每 50 m 增加 1 ℃,属地温梯度正常区。由于煤综掘系地层的岩性组合复杂,一般地温梯度比非煤系地层要高,平均为 2.2 ℃/100 m。可采煤层的地温状况,均属正常梯度为背景的一级和二级高温区,上部煤层以一级高温区为主,下部煤层以二级高温区为主。初期开采 3 煤层时,北部地温较低(−900 m 以浅没有高温区),东南部 F_2、F_3 断层附近地温较高,属二级高温区,其余为一级高温区。

由于开采水平已达 −1 000 m 左右,原始岩温为 37 ℃,再加上采掘工作面机械设备装机容量较大,使夏季 7 月、8 月、9 月三个月,井下热害问题极为突出。因此,2006 年开始实行冰制冷矿井降温。

唐口煤业有限公司现有降温系统主要由地面制冷车间、主输冷管路、主井井底供水泵房、各采掘工作面分支管路及空冷交换器四部分组成。地面生产的片冰被送至融冰池融化后,供冷泵将池中的冰水通过管道输送至采掘工作面,采用空冷器、喷淋与防尘水相结合及作为机组冷却用水等方式进行散冷,降低工作面温度,满足工作面生产要求;对于输送至采掘工作面的剩余水再返回制冷硐室用于融冰池融冰。

8.1.1 地面制冰系统

地面制冰系统采用两级预冷冷水装置,配备 15 套成套片冰设备,完成每天 900 t 的制冰量。满足 2 个采煤工作面、10 个掘进工作面降温。地面制冷机采用 6 kV 供电。

8.1.2 输冰系统

地面制冰机房内片冰机生产的片冰通过罗茨鼓风机及输冰管道输送至井口立管。片冰则靠自重通过下冰立管下落至井底融冰硐室。根据系统制冰量选用送冰系统。立井下冰管路采用一趟无缝钢管,安设在主井井筒中,并进行保温处理。立井下冰管路将冰输送至井底。

8.1.3 融冰系统

利用主井井底水平巷,进行开帮 2 m 作为井下制冷硐室,并制作专用融冰池并进行保温处理。

8.1.4 输冷散冷系统

井下输冷散冷系统为开式系统,即回水流回融冰池,采区的防尘用水由于属于少量用水,可从供冷水管路接出。空冷器进风温度为 29～32 ℃时,出风温度为 20 ℃左右,其余冷量通过工作面防尘和喷淋降温,并直接作为采煤机组冷却用水。

(1) 输冷管路布置安装

根据开拓布置图和工作面制冷要求,2 个采煤工作面和 10 个掘进迎头降温时,选定安设两台供冷水泵,一用一备,供冷水管路采用两路,一趟供冷水管、一趟回水管;10 个掘进迎头分别接到回采供、回水管路上;管路在巷道内布置,其高度和安全间隙应符合有关规定。

(2) 井下设备及配电

井下输冷系统供电电源需要 660 V 电源,电源可直接来自井底中央泵房,或在制冷机房内安装隔爆移动变电站。对于各采煤工作面的空冷器风机的供电可取自相近的采区 660 V 电源,配以相应的真空防爆磁力起动器。

8.1.5 监测控制系统

本系统可通过在井下融冰池内及采掘工作面安装温度探头,采集各地点温度参数并传输到制冷机房中央控制计算机,由计算机根据各点温度波动情况自动控制片冰机开启的台数即控制产冰量,实现压缩机组、片冰机、送冰系统控制的最佳匹配,达到最优节能效果。并具备多项安全保护功能,在出现故障时自动发出警报或关闭系统。

冰制冷降温虽然达到了一定的降温效果,使工作环境得到明显改善,但降温费用较高,达到了 900 多万元,降温的冷损大,冷量的利用率低(40％左右),需要对降温系统进一步的研究,确定合理的降温方式,减少冷损,提高降温效果。

8.2 除湿降温设备

唐口煤矿井下除湿降温制冷空调系统采用井下溶液除湿技术进行井下现场空气除湿降温,提高了空气的品质。

唐口煤矿开采深度较深,热害较为严重;为了较好地解决高温热害问题,研制了一套除湿降温系统。该系统采用了矿用热泵机组 ZLSLG400 提供冷量来源,采用溶液除湿系统处理井下空气,为国内第一套井下专门除湿降温制冷机组,系统较为简单,效率高,比国内其他系统能耗低 10%～15%。

8.2.1 主要设备

除湿降温系统采用模块化结构设计,以便于将来的扩充。该系统主要由热泵机组、冷却水循环系统、冷冻水循环系统、空冷器、水泵、风机、风筒及电控系统等设备组成。热泵机组 ZLSLG400 主要是由一台螺杆式压缩机、一台油分离器(油收集器)、一台冷凝器、一台油冷器和一台蒸发器组成,如图 8.1 所示,系统性能如表 8.1 所示。

图 8.1 矿用除湿降温装置

表 8.1 矿用除湿降温系统参数

项目	参数
制冷功率	350 kW
冷冻水进、出口温度	22 ℃/17 ℃
冷冻水额定流量	65 m³/h
冷却水进、出温度	48 ℃/58 ℃
冷却介质	除湿溶液
制冷剂	R22
空气除湿量	7～15 g/m³
空气降温	7～10 ℃
空气相对湿度降低	10%～35%

8.2.2 除湿降温制冷系统工艺流程

除湿降温制冷装置首先由除湿器、恢复器两端的水泵分别将除湿器、恢复器中的溶液吸入制冷机组中,然后制冷机组制出冷热水,机组蒸发器进、出口由除湿器处泵送入的溶液降温,然后通过冷冻水出口送回除湿器进行喷淋,使溶液与井下湿热空气直接接触,井下湿热空气通过喷淋溶液后,达到了降温除湿的目的,通过风机、风筒直接送到掘进面;冷凝器进、出口由恢复器处泵送入的溶液升温,然后通过冷却水出口送入恢复器进行喷淋,使高温溶液与井下空气接触,由于高温除湿溶液表面饱和蒸汽压低于与之接触的空气饱和蒸汽压,因此井下空气通过高温溶液后带走部分水分,从而使除湿溶液浓度增大,溶液被恢复,高温、高湿空气则由风机、风筒送入无人回风巷放热。同时除湿器跟恢复器中的溶液通过管路相互补充,保持除湿器、恢复器中的溶液浓度动态平衡。工艺流程如图 8.2 所示(见下页)。

8.3 除湿降温设备控制系统

8.3.1 机组自控系统

机组自控系统能对冷凝器、蒸发器、压缩机、润滑油泵站及相关电动闸阀等设备及相应管路上的参数进行监测、显示,并能对压缩机组实现自动控制及相关保护功能。

电控系统的构成:整个控制系统由矿用隔爆可编程控制器箱、机组上的矿用温度传感器(油温,蒸发器出水温度,冷凝器出水温度)和矿用压力变送器(吸气

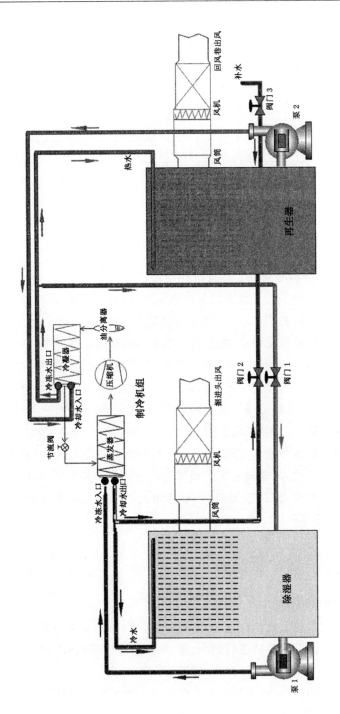

图 8.2 除湿降温制冷工艺流程

压力、排气压力、油压)元件,机组上的矿用隔爆型电磁阀等组成。

控制系统采用矿用隔爆可编程控制器箱,实现对螺杆式制冷机组运行状况的自动监控,工作过程的自动控制,故障自动检测及自动处理,发生严重故障时能及时保护停机,避免机组损坏。通过西门子PLC的各种模块(模拟量输入模块EM231、EM235)与控制单元(CPU226)建立硬件的物理连接,同时用西门子的编程软件把这些硬件及其相互之间的逻辑关系进行可靠的模块化程序处理来达到控制管理的功能,以实现对螺杆式压缩机工作过程的自动控制、系统运行状况监视、故障检测及自动处理。并通过PLC的RS485接口与DCS建立通讯达到管理和控制功能。其控制灵活多变,可随意连接系统控制。

人机界面:采用文本显示屏,能实时显示吸气压力、排气压力、油压、吸气温度、排气温度、油温、油压差、能级、冷冻水进(出)水温度、冷却水进(出)水温度、运行时间、运行参数记录、故障记录等参数,方便使用者在现场的操作。

报警:对排气温度过高、油温过高、蒸发器出水温度过低、吸气压力过低、排气压力过高、油压差过大、电机过流、过载等分为预报警和报警急停两种情况:

① 若检测值接近预报警时,机组会自动减载,并发出信号给控制系统,压缩机组通过调节机组能量的大小,同时机组继续减载至15%以下时,若故障解除,则机组继续运行;

② 若检测值无法恢复,即检测值继续达到急停机值时,PLC控制系统发出停机指令控制压缩机组停机。同时在机组的文本显示器上用中文显示并记录相对应的机组故障报警信息。

8.3.2 除湿降温的自动控制

为了达到对风流温度、湿度的最优控制,设计了自动控制系统,该系统包括风流温、湿度传感器,电磁阀等,风流的湿度可以通过控制溶液的温度、浓度及流量来实现,当处理后的风流温度确定,除湿量需要增大时,可通过调节电磁阀,减少恢复器的补水量,增加溶液的浓度实现,反之,若需要增加处理空气的含湿量,在同样的工况下,可以调节电磁阀增加补水量实现。风流的温度主要通过溶液的温度来实现调节,若需要较低的温度,可以增加热泵的能量,降低溶液的温度实现,反之,若需要升高风流的温度,则可以降低热泵的能量输入实现。

本系统采用模糊控制和PID联合控制。

模糊控制是一种基于语言规则与模糊推理的智能控制,它不依赖被控对象精确的数学模型,是在总结经验基础上实现自动控制的一种手段,系统的鲁棒性强,适合于非线性、时变、滞后系统的控制。由于模糊控制对输入变量的处理是离散的,且没有积分环节,故控制精度不如PID控制。鉴于常规PID控制和模糊控制的优缺点,将二者有机地结合起来扬长避短,产生了Fuzzy-PID复合控制。在系统偏差较大时采用模糊控制,系统响应速度快,动态性能好,在系统偏差较小时,切换到PID控制,使其静态性能好,满足系统控制精度。

8.3.3 温度模糊控制器的设计

8.3.3.1 结构设计

设计了参数自调整模糊控制,其结构如图8.3所示。

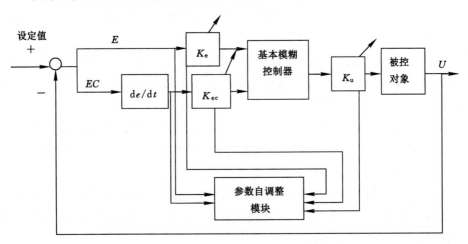

图8.3 参数自调整模糊控制系统结构图

8.3.3.2 模糊化设计

温度偏差、偏差变化率 EC_t 的模糊语言变量分为:{负大,负中,负小,零,正小,正中,正大},表示符号为:{NB,NM,NS,ZE,PS,PM,PB}。论域均取为:{-6,-5,-4,-3,-2,-1,0,1,2,3,4,5,6},隶属度函数均选择三角形。

温度控制量 U_t 的取值:{关闭,微开,小开,半开,小半开,大半开,全开},表示符号为:{CB,CM,CS,M,OS,OM,OB}。论域取值为:{-9,-8,-7,-6,

$-5,-4,-3,-2,-1,0,1,2,3,4,5,6,7,8,9\}$，语言值隶属度函数也选择三角形。

8.3.3.3 控制规则设计

对矿井下除湿降温系统的工作情况进行总结，可以得到它的控制规则，把这些控制规则加以归纳处理，从而得到和偏差、偏差变化率和控制量相关的控制规则，控制规则如表 8.2 所示。

表 8.2 模糊控制规则表

U_t		EC_t						
		NB	NM	NS	ZE	PS	PM	PB
E_t	CB	OB	OB	OM	OM	OS	OS	M
	CM	OB	OM	OM	OS	OS	M	CS
	CS	OM	OM	OS	OS	M	CS	CS
	M	OM	OS	OS	M	CS	CS	CM
	OS	OS	OS	M	CS	CS	CM	CM
	OM	OS	M	CS	CS	CM	CM	CB
	OB	M	CS	CS	CM	CM	CB	CB

8.3.3.4 参数自调整模块设计

参数自调整模块根据实际的偏差和偏差变换率来不断地自动修正输入的比例因子和输出的比例因子。

参数自调整模块以偏差 E_t 和偏差变化率 EC_t 为输入，以 K_{et} 的校正量 θ_{et}，K_{ect} 的校正量 θ_{ect} 和 K_{ut} 的校正量 θ_{ut} 为输出。经修正后的基本模糊控制器的比例因子 K'_{et}、K'_{ect} 和量化因子 K'_{ut} 由下式求得：

$$K'_{et} = K_{et}(1 + \theta_{et}) \tag{8.1}$$

$$K'_{ect} = K_{ect}(1 + \theta_{ect}) \tag{8.2}$$

$$K'_{ut} = K_{ut}(1 + \theta_{ut}) \tag{8.3}$$

θ_{et}、θ_{ect} 和 θ_{ut} 三个因子模糊子集为：$\{NB,NM,NS,ZO,PS,PM,PB\}$，θ_{et}、θ_{ect} 和 θ_{ut} 的基本论域均取为 $[-0.6,-0.4,-0.2,0,0.2,0.4,0.6]$。

根据对输入比例因子和输出比例因子的分析可得参数自调整模块的模糊控制规则，如表 8.3 所示。

表 8.3　参数自调整模块的模糊控制规则表

$\theta_{et}/\theta_{ect}/\theta_{ut}$		E_t						
		NB	NM	NS	ZE	PS	PM	PB
EC_t	NB	PB/PB /PB	PB/PB /PB	PB/PB /PB	PB/PM /PM	PM/PM /PS	PS/PS /ZO	ZO/ZO /ZO
	NM	PB/PB /PM	PB/PM /PM	PB/PM /PM	PM/PM /PS	PM/PM /PS	PS/PS /ZO	PS/PS /ZO
	NS	PB/PM /PM	PM/PM /PM	PM/PS /PS	PS/PS /PS	PS/PS /ZO	ZO/PS /ZO	NS/NM /ZO
	ZO	PS/PM /PM	PS/PS /PS	PS/PS /PS	ZO/ZO /ZO	ZO/NS /ZO	NS/NM /NS	NM/NB /NS
	PS	PS/PS /PS	ZO/PS /PS	ZO/ZO /ZO	ZO/NM /ZO	NS/NM /NS	NM/NB /NS	NM/NB /NM
	PM	ZO/PS /PS	ZO/ZO /ZO	NS/NS /ZO	NS/NM /NS	NM/NM /NS	NM/NB /NM	NB/NB /NM
	PB	ZO/ZO /ZO	ZO/ZO /ZO	NS/NS /NS	NM/NM /NM	NM/NM /NM	NB/NB /NB	NB/NB /NB

由输入和输出的比例因子的修正规则表,根据模糊推理合成规则,可计算出相应的修正规则查询表,这样就构成了一个子模糊控制器,用于修正输入的比例因子和输出的比例因子。

8.3.3.5　湿度模糊控制器的设计

同温度模糊控制器一样,湿度模糊控制器也采用上述结构。湿度偏差 E_h 与偏差变化率 EC_h 的模糊语言变量分为:{NB,NS,ZO,PS,PB} 等五个变量等级,论域均取为:{$-3,-2,-1,0,1,2,3$},湿度控制量 U_h 的模糊语言变量为:{CB,CS,M,OS,OB},论域同样取为:{$-3,-2,-1,0,1,2,3$}。湿度参数自调整模块的设计同温度的基本相同。

8.3.3.6　温、湿度解耦

如前面所述,温度控制和湿度控制存在着强耦合,温度和湿度各自独立地进行控制而不考虑它们之间的耦合现象,控制效果是不好的,甚至出现振荡的现象。其解耦的方法是在温、湿度控制之间引入解耦环节 θ_1 和 θ_2,使温、湿度控制分别成为:

① 温度控制出量 $U_T=(1-\theta_1)U_t+\theta_1U_h$;

② 温度输出量 $U_H = (1-\theta_2)U_h + \theta_2 U_t$。

其中，$0 < \theta_1, \theta_2 < 1$。显然，当 $\theta_1 = \theta_2 = 0$ 时，$U_T = U_t$，$U_H = U_h$，相当于无耦合关系的两个单回路；当 $\theta_1 = \theta_2 = 1$ 时，$U_T = U_h$，$U_H = U_t$，相当于绝对耦合关系的两个回路。

8.4　风流实测数据分析

为了对除湿降温设备的除湿降温效果与空冷器的降温效果进行比较，在 6、7、8 月份对南轨运输大巷进行了风流参数的测定，测定的结果分析如下（注：6 月 28 日前的数据是设备移动前所测；6 月 28 日后的数据是设备移动后所测，设备移动前在距副井底 3 150 m 左右处，出风口在编号 160 左右；设备移动后在距副井底 3 650 m 左右处，出风口在编号 115 左右；测试位置为风筒编号，每两个编号之间的距离为 10 m；设备处风筒编号为 0；如图 8.4 所示）：

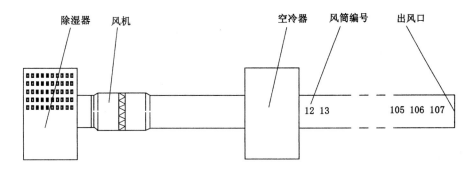

图 8.4　设备布置图

8.4.1　没有采取降温措施时风流变化规律

（1）干、湿球温度变化规律

如表 8.4、表 8.5、图 8.5 所示。

表 8.4　6 月 13 日各观测点干、湿球温度数据

测试位置	90	99	110	125	135	147	154
干球温度/℃	30.6	30.6	30.5	30.0	29.8	29.1	28.8
湿球温度/℃	30.4	30.4	30.3	29.8	29.6	28.9	28.0

注：表中测试位置的数字代表编号，下同。

表 8.5　6 月 25 日各观测点干、湿球温度数据

测试位置	96	107	116	131	142	147	152	156	159
干球温度/℃	31.0	31.0	31.0	31.0	30.95	30.9	30.8	30.9	30.8
湿球温度/℃	30.8	30.8	30.8	30.7	30.6	30.4	30.1	30.0	29.5

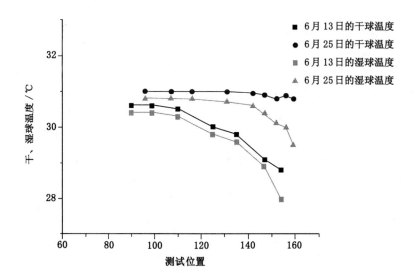

图 8.5　没有采取降温措施时空气干湿球温度折线图

6 月 13 日，风机进口前的干球温度为 26 ℃，湿球温度为 25 ℃，送风距离为 900 m 时，温度升高到了 30.6 ℃，然后温度有所降低，主要是进风流含湿量低，到风筒出口后，吸收围岩中的水分，含湿量升高，温、湿度沿回风路线下降。

6 月 25 日，风机进口前的干球温度为 29.8 ℃，湿球温度为 28.4 ℃，与 6 月 13 日比，温、湿度明显升高，送风距离为 960 m 时，温度升高到了 31 ℃，回风流的温、湿度变化不大，主要是围岩等外界热源的影响大于风流含湿量对温、湿度升高的影响。

（2）相对湿度和含湿量变化规律

如表 8.6、表 8.7 所示。

表 8.6　6 月 13 日各观测点相对湿度和含湿量数据

测试位置	90	99	110	125	135	147	154
相对湿度/%	98.57	98.57	98.56	98.55	98.55	98.53	94.15
含湿量/(g·kg^{-1})	27.77	27.77	27.60	26.79	26.47	25.37	23.77

表 8.7　6 月 25 日各观测点相对湿度和含湿量数据

测试位置	96	107	116	131	142	147	152	156	159
相对湿度/%	98.58	98.58	98.58	97.87	97.17	96.46	95.05	93.68	90.92
含湿量/(g·kg⁻¹)	28.44	28.44	28.44	28.23	28.00	27.64	27.058	26.80	25.80

从图 8.6、图 8.7 中可以看出：6 月 13 日和 6 月 25 日的相对湿度一直较高，约在 91% 以上，相对湿度从迎头沿回风方向不断增加，接近 100%；6 月 13 日的含湿量比 6 月 25 日的低，主要是 6 月 13 日进风的含湿量低，6 月 13 日从迎头往后沿回风方向 550 m，含湿量最大增加了 4.0 g/kg，6 月 25 日从迎头往后沿回风方向 430 m，含湿量最大增加了 2.64 g/kg，含湿量达到了 24 g/kg 以上，最大含湿量达到了 28.44 g/kg，因此，在没有降温的情况下，整个南轨大巷的温度、湿度都较大，影响了工人的身体健康和工作效率。

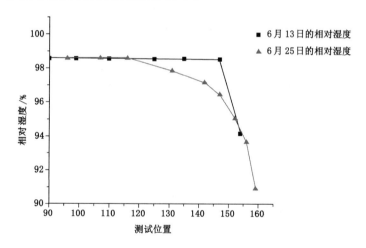

图 8.6　没有采取降温措施时空气相对湿度折线图

8.4.2　仅开空冷器时风流变化规律

（1）干、湿球温度变化规律

如表 8.8～表 8.10 所示。

表 8.8　7 月 18 日各观测点干、湿球温度数据

测试位置	35	42	51	60	70	81	85	89	95	104	出口（110）
干球温度/℃	31.0	30.8	30.9	30.6	30.4	30.2	30.2	30.1	30.0	29.5	30.1
湿球温度/℃	30.8	30.4	30.5	30.2	30.1	30.0	29.2	29.0	28.9	26.8	27.3

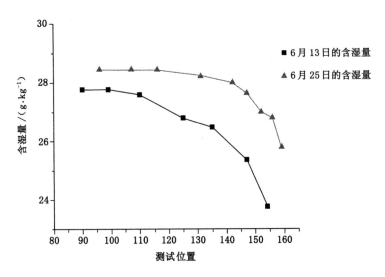

图 8.7 没有采取降温措施时空气含湿量折线图

表 8.9 7 月 21 日各观测点干、湿球温度数据

测试位置	27	36	54	63	77	92	100	106	出口(110)
干球温度/℃	31.0	30.8	30.5	30.4	30.3	30.2	30.2	30.1	30.1
湿球温度/℃	30.6	30.5	30.4	30.4	30.2	29.8	29.4	28.2	27.8

表 8.10 7 月 25 日各观测点干、湿球温度数据

测试位置	40	50	60	70	80	90	100	103	108	出口(110)
干球温度/℃	31.0	31.0	31.0	30.9	30.6	30.4	30.2	30.1	29.8	29.7
湿球温度/℃	30.8	30.9	30.8	30.6	30.4	30.4	29.4	28.9	27.8	27.0

从图 8.8 中可以看出,7 月 18 日、7 月 21 日和 7 月 25 日这三天的干、湿球温度都相对较稳定,没有太大的波动:干球温度保持在 29~31 ℃之间,湿球温度保持在 26.8~30.8 ℃之间,原因是风机进口的干、湿球温度基本没变化,巷道环境也没太大变化,干球温度的变化量在 1 ℃左右,湿球温度的变化量在 3 ℃左右。由于送风距离达到了 1 000 多米,风流在风筒传输的过程中与外界环境对流换热,出风口的干球温度基本都在 30 ℃左右。

(2)相对湿度和含湿量变化规律

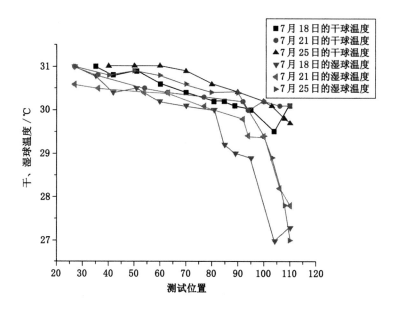

图 8.8　仅开空冷器时空气干、湿球温度折线图

如表 8.11～表 8.13 所示。

表 8.11　7 月 18 日各观测点相对湿度和含湿量数据

测试位置	27	42	51	70	85	89	95	98	102	104	出口(110)
相对湿度/%	97.86	97.16	97.16	96.5	92.9	92.19	92.17	88.09	87.41	85.21	80.75
含湿量/(g·kg⁻¹)	27.89	27.7	27.8	27.2	25.5	25.1	25	24.1	23.9	22.35	21.91

表 8.12　7 月 21 日各观测点相对湿度和含湿量数据

测试位置	27	36	50	77	92	100	106	出口(110)
相对湿度/%	97.2	97.8	97.8	97	95.7	94.3	86	84.04
含湿量/(g·kg⁻¹)	28	27.9	28.2	27.36	26.6	25.9	23.5	22.83

表 8.13　7 月 25 日各观测点相对湿度和含湿量数据

测试位置	40	60	70	90	100	103	108	出口(110)
相对湿度/%	98.6	98.6	97.9	96	94.3	91.5	85.96	81.27
含湿量/(g·kg⁻¹)	28.4	28.4	28	27.8	25.9	24.9	22.96	21.53

从图 8.9、图 8.10 中可以看出 7 月 18 日、7 月 21 日和 7 月 25 日这三天井下空气的相对湿度和含湿量也较稳定，没有太大的波动。由于风筒在长距离传输过程中，不进行传质交换，经过处理后风流含湿量等于出口的含湿量，对于冷冻除湿来说，含湿量越低，降温效果越好，因此，7 月 25 日含湿量降到 21.53 g/kg，降温效果最好，7 月 18 日含湿量降到 21.91 g/kg，降温效果较好，7 月 21 日含湿量降到 22.83 g/kg，降温效果最差，通过降温，即降低风流的含湿量，迎头的相对湿度有所降低，最低达到 80.75％，降幅达到 17.11％，含湿量降幅最大为 6.87 g/kg，改善了工人的工作环境。

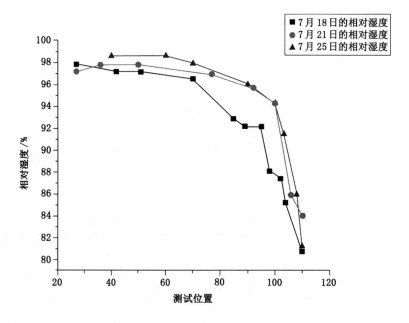

图 8.9　仅开空冷器时空气相对湿度折线图

8.4.3　仅开除湿降温设备时风流变化规律

（1）干、湿球温度变化规律

如表 8.14～表 8.16 所示。

表 8.14　8 月 3 日各观测点干、湿球温度数据

测试位置	17	32	52	67	77	87	102	112	115
干球温度/℃	31.3	31.1	31.0	30.8	30.4	30.0	29.8	29.7	29.6
湿球温度/℃	30.7	30.4	30.3	30.1	29.5	29.6	28.8	26.4	25.1

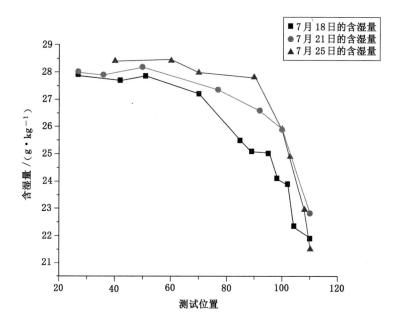

图 8.10　仅开空冷器时空气含湿量折线图

表 8.15　8 月 5 日各观测点干、湿球温度数据

测试位置	20	30	45	55	65	80	85	95	106	115
干球温度/℃	31.3	31.3	31.3	31.2	31.0	30.7	30.5	30.3	30.2	30.2
湿球温度/℃	30.8	30.7	30.6	30.5	30.4	30.0	29.4	29.1	28.8	26.2

表 8.16　8 月 6 日各观测点干、湿球温度数据

测试位置	20	25	30	40	50	60	70	80	90	100	110	115
干球温度/℃	31.4	31.5	31.5	31.4	31.3	31.0	30.8	30.5	30.5	30.4	30.1	30.1
湿球温度/℃	30.7	30.8	30.6	30.6	30.4	30.2	30.0	29.5	29.2	28.8	27.12	26.20

　　从图 8.11 可以看出,干球温度在 29.6～31.5 ℃之间变化,温差为 1.9 ℃,湿球温度在 25.1～30.8 ℃之间变化,温差达到 5.7 ℃,在距迎头 200 m 范围内,干球温度差为 0.4 ℃,湿球温度差为 2.6 ℃,除湿降温效果比空冷器要好。

　　(2)相对湿度和含湿量变化规律

　　如表 8.17～表 8.19 所示。

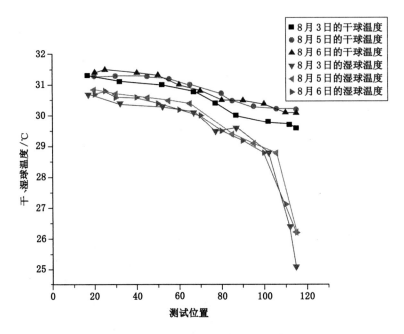

图 8.11　仅开除湿降温设备时空气干、湿球温度折线图

表 8.17　8 月 3 日各观测点相对湿度和含湿量数据

测试位置	17	32	52	67	77	87	102	112	115
相对湿度/%	96.48	95.08	95.07	95.05	93.623	89.41	81.3	77.36	69.76
含湿量/(g·kg⁻¹)	28.31	27.55	27.39	27.06	26.0	24.21	21.67	20.475	18.23

表 8.18　8 月 5 日各观测点相对湿度和含湿量数据

测试位置	20	30	45	55	65	80	85	95	106	115
相对湿度/%	96.48	95.79	95.1	95.09	95.77	95.04	92.24	91.52	90.13	73.17
含湿量/(g·kg⁻¹)	28.31	28.1	27.89	27.72	27.60	26.90	25.76	25.25	24.7	19.90

表 8.19　8 月 6 日各观测点相对湿度和含湿量数据

测试位置	20	30	45	50	60	70	75
相对湿度/%	95.11	93.74	94.0	93.72	94.38	94.36	93.64
含湿量/(g·kg⁻¹)	28.9	28.0	27.7	27.47	27.18	26.851	26.324
测试位置	80	85	90	95	105	110	115
相对湿度/%	92.94	91.0	90.0	88.0	85.0	80.1	74.0
含湿量/(g·kg⁻¹)	25.962	25.56	24.5	24	23	21.72	20.02

从图 8.12、图 8.13 中可以看出，只开除湿降温设备时降温除湿效果比较明显，相对湿度分别降到了 69.76%、73.17%、74.0%，分别降低了 26.72%、23.31%、21.11%，含湿量分别降到了 18.23 g/kg、19.90 g/kg、20.02 g/kg，分别降低了 10.25 g/kg、8.58 g/kg（8 月 3 日，8 月 5 日风机进口含湿量为 28.48 g/kg）、8.69 g/kg（8 月 6 日风机进口含湿量为 28.71 g/kg）。即除掉了空气中约 36.0%、30.1%、30.3% 的水分，除湿效果明显比空冷器要好。

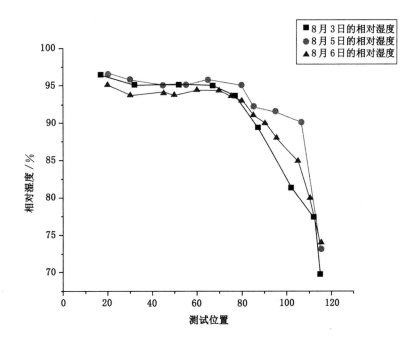

图 8.12　仅开除湿降温设备时空气相对湿度折线图

8.4.4　混合使用空冷器和除湿降温设备时风流变化规律

（1）干、湿球温度变化规律

如表 8.20～表 8.22 所示。

表 8.20　8 月 3 日各观测点干、湿球温度数据

测试位置	17	32	52	67	88	106	112	115	出口
干球温度/℃	31.0	30.8	30.8	30.6	30.1	29.6	29.2	28.8	28.6
湿球温度/℃	30.2	30.4	30.2	30.0	28.9	26.7	25.8	25.3	24.1

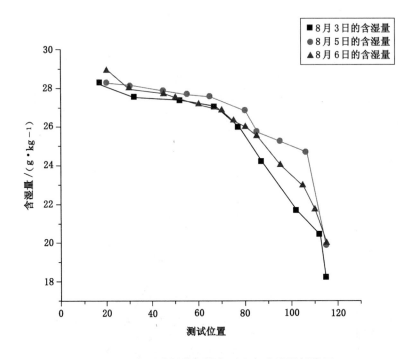

图 8.13 仅开除湿降温设备时空气含湿量折线图

表 8.21 8 月 5 日各观测点干、湿球温度数据

测试位置	20	30	45	55	65	80	85	95	106	115	出口
干球温度/℃	31.1	31.1	31.1	31.0	30.9	30.5	30.3	30.2	30.0	29.8	29.8
湿球温度/℃	30.6	30.5	30.4	30.4	30.3	29.8	29.3	29.0	28.5	28.0	27.5

表 8.22 8 月 6 日进各观测点干、湿球温度数据

测试位置	25	35	50	65	70	75	80	90	100	115	出口
干球温度/℃	31.2	31.2	31.2	31.1	30.9	30.5	30.3	30.0	29.8	29.5	29.5
湿球温度/℃	30.5	30.5	30.5	30.5	30.3	29.9	29.4	28.8	28.0	27.7	25.6

　　从图 8.14 可以看出，8 月份巷道中空气的温度比较稳定，在相同位置所测得的温度值没有太大的变化。8 月 3 日的降温效果要好于 8 月 5 日和 8 月 6 日，8 月 6 日的降温效果要好于 8 月 5 日。迎头干球温度为 28.8～29.8 ℃，湿球温度为 26.8～28.0 ℃，在联合除湿降温中，除湿降温装置主要担负除湿的功能，而空冷器主要担负降低风流的干球温度，从处理后风流的温度变化来看，在同样的制

冷功率下,低温的空气在风筒中传输的距离比单一使用空冷器降温传输的距离长,若短距离送风,联合降温将取得最佳的效果,但对于长距离送风,风筒中的风流与周围环境对流换热,至风筒出口温度与环境温度接近。

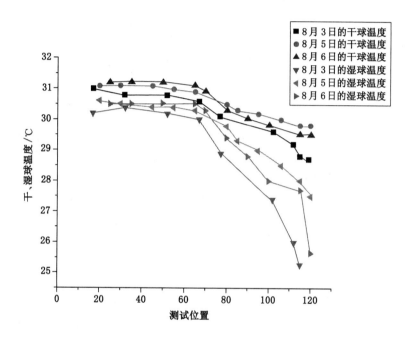

图 8.14 混合使用时所测干、湿球温度折线图

（2）相对湿度和含湿量

如表 8.23～表 8.25 所示。

表 8.23 8 月 3 日各观测点相对湿度和含湿量数据

测试位置	11	27	37	52	67	88	106	112	115	出口
相对湿度/%	97.84	97.16	95.78	95.75	94	91.58	80.01	75.73	75.12	68.21
含湿量/(g·kg⁻¹)	28.5	27.68	27.7	27.0	26.7	24.87	21.07	18.98	18.82	17.04

表 8.24 8 月 5 日各观测点相对湿度和含湿量数据

测试位置	20	25	30	70	80	90	95	100	106	115	出口
相对湿度/%	96.47	96.47	95.77	95.04	95.03	92.91	91.5	90.8	89.41	78.0	72.0
含湿量/(g·kg⁻¹)	28.8	27.97	27.76	26.9	26.57	25.65	25.1	24.0	21.5	20.64	19.2

表 8.25　8 月 6 日各观测点相对湿度和含湿量数据

测试位置	12	25	40	50	55	60	80
相对湿度/%	95.05	95.09	95.09	95.09	94.4	93.74	93.61
含湿量/(g·kg⁻¹)	29.0	27.72	27.72	27.72	27.4	26.6	25.85
测试位置	85	90	95	100	105	115	出口
相对湿度/%	92.6	91.48	90.23	87.32	87.25	87.25	74.0
含湿量/(g·kg⁻¹)	25.3	24.79	24.056	23.0	22.5	22.95	19.3

　　从图 8.15、图 8.16 可以看出,混合使用时降温除湿效果相对来说比较理想,比单纯使用一种降温措施时要好一些。相对湿度分别降到了 68.21%、72.0%、74.0%,分别降低了 29.63%、24.47%、21.05%;含湿量降到了17.04 g/kg、19.2 g/kg、19.3 g/kg,分别降低了 11.46 g/kg、9.6 g/kg、9.7 g/kg。含湿量降了 40.21%,33.33%,33.45%。在距离掘进迎头将近 200 m 的范围内,风流的相对湿度小于 90%,含湿量在 25 g/kg 左右,较好地改善了工人的工作环境。

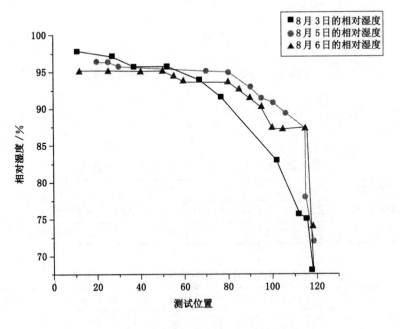

图 8.15　混合使用时空气相对湿度折线图

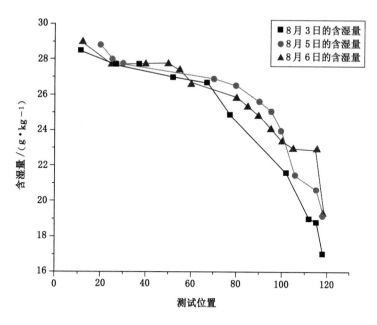

图 8.16　混合使用时空气含湿量折线图

8.4.5　采用不同降温措施的风流变化比较

如表 8.26～表 8.31 所示。

表 8.26　7 月 21 日仅开空冷器时干、湿球温度数据

测试位置	27	36	54	63	77	92	106	110
干球温度/℃	31.0	30.8	30.5	30.4	30.3	30.2	30.1	30.1
湿球温度/℃	30.6	30.5	30.4	30.4	30.2	29.8	28.2	27.8

表 8.27　8 月 6 日仅开除湿降温设备时干、湿球温度数据

测试位置	20	25	30	40	50	60	70	80	90	100	110	115
干球温度/℃	31.4	31.5	31.5	31.4	31.3	30.0	30.8	30.5	30.5	30.4	30.1	30.1
湿球温度/℃	30.7	30.8	30.6	30.6	30.4	30.2	30.0	29.5	29.2	28.8	28.3	26.6

表 8.28　8 月 6 日混合使用时干、湿球温度数据

测试位置	25	35	50	65	70	75	80	90	100	115	出口
干球温度/℃	31.2	31.2	31.2	31.1	30.9	30.5	30.3	30.0	29.8	29.5	29.5
湿球温度/℃	30.5	30.5	30.5	30.5	30.3	29.9	29.4	28.8	28.0	27.7	25.6

表 8.29　7 月 21 日仅开空冷器时相对湿度和含湿量数据

测试位置	27	36	50	77	92	94	106	出口(110)
相对湿度/%	97.2	97.8	97.8	97.0	95.7	94.3	86.71	84.04
含湿量/(g·kg⁻¹)	28.0	27.9	28.2	27.36	26.6	25.9	23.59	22.83

表 8.30　8 月 6 日仅开除湿降温设备时相对湿度和含湿量数据

测试位置	20	30	45	50	60	70	75
相对湿度/%	95.11	93.74	94.0	93.72	94.38	94.36	93.64
含湿量/(g·kg⁻¹)	28.9	28.0	27.7	27.47	27.18	26.851	26.324
测试位置	80	85	90	95	105	110	出口(115)
相对湿度/%	92.94	91.0	90.1	88.0	85.0	80.1	74.0
含湿量/(g·kg⁻¹)	25.962	25.56	25.36	24.1	23.2	21.72	20.02

表 8.31　8 月 6 日混合使用时相对湿度和含湿量数据

测试位置	12	25	40	50	55	60	80
相对湿度/%	95.05	95.09	95.09	95.09	94.4	93.74	93.61
含湿量/(g·kg⁻¹)	29.0	27.72	27.72	27.72	27.4	26.6	25.85
测试位置	85	90	95	100	105	115	出口
相对湿度/%	92.6	91.48	90.23	87.32	87.25	87.25	74.0
含湿量/(g·kg⁻¹)	25.3	24.79	24.06	23.01	22.5	22.95	19.3

　　由于没有采取降温措施时除湿降温设备还没有移动,当设备移动后风筒编号也发生了变化,所以为了便于比较,暂没有把设备移动前的折线画出。但是从图 8.17～图 8.19 中即可看出两种降温设备同时打开时降温效果比较明显,降温的幅度和除湿的量都较大,含湿量降低了 9.7 g/kg;相对湿度降低了 21.05%,特别是在距离掘进迎头 200 m 工人工作的范围内相对湿度为 90% 以下;仅开除湿降温设备时含湿量降低了 8.69 g/kg(8 月 6 日风机进口含湿量为 28.71 g/kg),相对湿度降低了 21.11%,距离掘进迎头 200 m 工人工作的范围内相对湿度为 88% 以下;只开空冷器时含湿量降低了 5.17 g/kg,相对湿度降低了 13.16%,距离掘进迎头 200 m 工人工作的范围内相对湿度为 93% 以下。

　　总之,两种设备同时开时,降温除湿效果最好,其次是除湿降温设备单独开时,效果较好,空冷器单独开时,效果较差,主要原因是由于空冷器降温是除湿和降温同时进行,为了达到降温的效果,处理后风流的温度较低,对于长距离输送

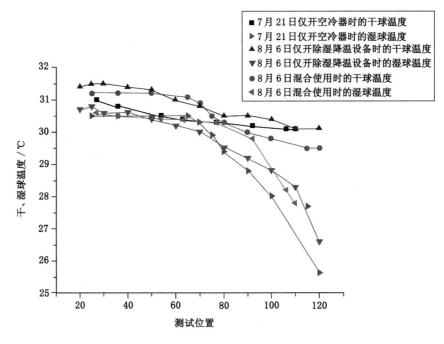

图 8.17 三种情况相比较时干、湿球温度折线图

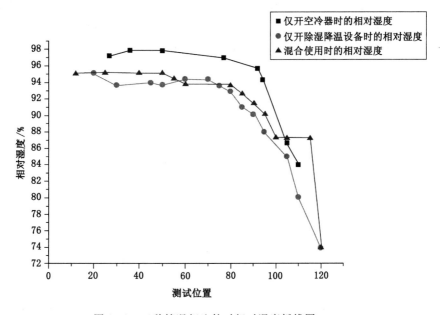

图 8.18 三种情况相比较时相对湿度折线图

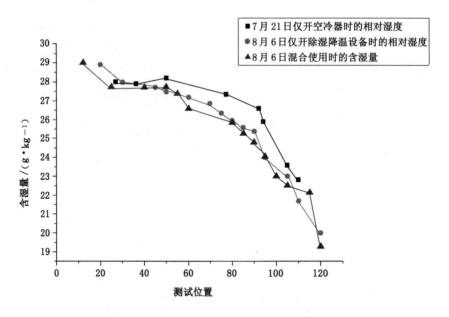

图 8.19　三种情况相比较时含湿量折线图

的掘进工作面,风流与风筒外的环境进行对流换热,浪费了大量的冷量,而除湿降温设备可以在保证工作面的热环境要求的前提下,提高其处理后风流的温度,因而可以减少与风筒外环境的对流换热,大大节省了能量,提高了降温效率,同时由于距迎头 200 m 的范围内,相对湿度大大降低,改善了工人的工作环境。

8.5　除湿降温设备的经济性分析

　　通过等效温度参照表可以看出,要达到相同的等效温度,随着干球温度的升高,露点、含湿量、相对湿度在逐渐降低,因此空冷器出口风流的温度也随着降低,对于输送距离短的风筒,风流的温升没有达到围岩接近的温度。其所需的最低能量即为极限干球温度 27.5 ℃。

　　唐口煤业有限公司南轨运输大巷通风距离达到了 1 200 m 以上,空气进口干球温度为 28 ℃,含湿量为 26 g/kg,不管是空冷器还是除湿降温设备,经过处理后出风口风流干球温度到 30 ℃左右,如果要达到相同的除湿量,空冷器要使空气的温度降到露点以下,即 20 ℃以下,才能满足要求,而采用除湿降温设备,达到同样的除湿量,在 COP 值为 4.5 的状况下,溶液温度可以在 20 ℃,处理后空气的温度可以达到 25 ℃,冷损减少 45% 以上。

对南轨运输大巷,巷道断面积为 21 m²,围岩的温度为 31 ℃,湿度系数为 0.2,湿润表面对流换热系数约为 18.62 ;迎头底板有积水,湿度系数取 0.3,湿润表面对流换热系数约为 32.10。风筒选用 800 mm 的单层风筒,需风量约为 310 m³/min;风筒百米漏风率取 1.5%(从降低冷损失考虑,应尽量减少漏风量);风筒性能参数:导热系数为 80 ,厚度为 1.2 mm;内外表面对流换热系数为 41.04 W/m² 和 8.32 W/m²;计算得风筒传热系数为 6.92 W/m²。风流进风干球温度为 30.5 ℃,湿球温度为 29.8 ℃。若达到不同工况下空冷器设备所需能量,空冷器设备与除湿降温设备所需能量经过测试如表 8.32 所示。

表 8.32　不同工况下空冷器设备与除湿降温设备所需能量比较

干球温度/℃	27.5	28.0	28.5	29.0	29.5	30.0
湿球温度/℃	27.5	27.0	26.5	26.1	26.0	25.7
降温需要的功率/kW	132	138	145	150	156	161
除湿降温需要的功率/kW	130	126	121	114	107	101

通过以上表可以看出,采用除湿降温装置,所需的总能量在逐渐降低,而采用降温设备所需的能量在逐渐升高,在干球温度为 29.5 ℃时,能量节省达到 31.41%,主要原因是,空冷器除湿降温同时进行,处理后空气温度要逐渐降低,冷损会增加,而除湿降温设备,可以通过调节溶液的温度和浓度,调节空气的状态,调节能力强,能很好地满足要求,随着温度的升高,其 COP 值有所升高,同时风筒传输冷损降低,其所需能量会有所降低。

9 采煤工作面热湿源分析及需冷负荷计算

9.1 采煤工作面热湿源分析

9.1.1 热源分析

矿井调查情况表明,形成井下热害的原因主要包括:围岩放热、运输中煤炭及矸石的放热、矿用机电设备放热、人员放热、氧化放热、热水放热等。矿井热源的产生量受当地水文地质条件、矿井开采深度、开采条件等因素的影响。如何准确分析计算矿井局部高温作业场所的热源和产热量,对于选择合适的局部降温技术方案具有重要的理论指导意义。

(1)围岩散热

井下风流热交换的动力是围岩温度与冷风风流之间的温差,对流换热属于不稳定传热过程,在地热作用下,井巷围岩传导的热流量大小属于非定常,温度普遍较高。根据观测和理论分析得到,经过一定程度的井巷通风,风流与井巷围岩之间的对流换热量趋于稳定。

受地热作用较强的高温矿井,其主要热源是巷道围岩散热。采煤工作面内围岩与风流间的传热计算如下:

$$Q_w = k_T UL(t_{rm} - t) \tag{9.1}$$

式中 Q_w——井巷围岩传热,kW;

　　L,U——工作面长度和周长,m;

　　t_{rm}——工作面的初始岩温,℃;

　　t——工作面中风流的平均温度,℃;

　　k_T——围岩与风流的不稳定换热系数,kW/(m² · ℃)。

k_T 是指风流与没有经过冷却过程的围岩深部岩体之间的温差为 1 ℃时,单位时间从巷道每平方米的壁面上向风流放出(或吸收)的热量。

通风时间在 10 年以内的矿井巷道,其换热系数 k_T 的计算如下所示:

$$k_\mathrm{T} = \frac{1}{1+\dfrac{\lambda}{2\alpha R_0}}\left[\frac{\lambda}{2R_0} + \frac{\sqrt{\dfrac{\lambda c \gamma}{\pi}}}{\sqrt{\tau}\left(1+\dfrac{\lambda}{2\alpha R_0}\right)}\right] \tag{9.2}$$

$$R_0 = 0.564\sqrt{f} \tag{9.3}$$

式中　λ——岩体热导率,kW/(m² · ℃);

　　　α——风流放热系数,kW/(m² · ℃);

　　　f——巷道断面积,m²;

　　　c——岩体比热容,kJ/(kg · ℃);

　　　γ——岩体密度,kg/m³;

　　　τ——巷道通风时间,s。

（2）运输中煤炭及矸石的放热

运输中煤炭及矸石的放热是井下胶带巷环境温度升高的主要原因,该放热过程实际上是围岩散热的另一种表现形式,随着矿井机械化水平的飞速发展,运输中煤炭及矸石的 $60\% \sim 80\%$ 的散热量会被通风风流吸收。与此同时,工作面的喷雾防尘作业,使通风风流在传热的同时传质,其潜热的交换量可达到风流的总热量的 70%。

由传热学原理知,运输中煤炭和矸石的散热可用如下公式进行计算:

$$Q_\mathrm{k} = m c_\mathrm{m} \Delta t \tag{9.4}$$

式中　Q_k——运输中煤炭及矸石的放热,kW;

　　　m——煤炭及矸石的运输量,kg/s;

　　　c_m——煤炭或矸石的比热容,kJ/(kg · ℃),对煤炭来说,$c_\mathrm{m} \approx 1.25$ kJ/(kg · ℃);

　　　Δt——运输中煤炭或矸石被冷却的温度,℃。

参数 Δt 的数值未知但是可以准确计算出来,由于花费时间相对较长,现在工程中一般使用以下公式来估算:

$$\Delta t = 0.002\,4 L^{0.8}(t_\mathrm{r} - t) \tag{9.5}$$

式中　L——运输距离,m;

　　　t_r——煤炭或矸石运输开始点的平均温度,相对于工作面原始煤岩温度低 $4 \sim 8$ ℃;

　　　t——运输巷道中风流的温度,℃。

（3）矿用机电设备放热

随着科学技术水平的逐步改善,煤矿机械化水平得到了极大的提升,但相应的机电设备显著增多,运转的机电设备的放热成为影响矿井风流温度升高的重要因素之一,尤为表现在采煤工作面上。

① 采掘机械运转时放热。采掘机械的放热 Q_{cj}(kW)可根据下式计算:

$$Q_{cj} = \eta N_{cj} \tag{9.6}$$

式中　η——采掘设备运转放热中风流的吸热比例系数,η 值可通过实测统计来确定;

　　　N_{cj}——采掘机电设备所消耗的功率,kW。

② 提升设备工作时放热。根据牛顿第二定律可知,依靠电能进行提升的机械设备在运转过程中,不可能将所有电能转化成机械能用来提升物料,其中有一部分能量用来做无用功,转化为热能,散失到空气中,这部分能量的计算公式如下所示:

$$Q_t = (1 - \eta_t) k_t N_t \tag{9.7}$$

式中　η_t——提升机工作效率;

　　　k_t——提升时间利用系数;

　　　N_t——设备功率,kW。

③ 水泵工作时放热。水泵向煤矿井下输水的过程中,相应的会使温度升高。例如:每下降 100 m,30 ℃的水将会升高 0.022 ℃,据有关资料显示,水泵在输水过程中对水的加热 Q_{sh} 可按照如下公式计算:

$$Q_{sh} = 0.287\ 9\ \frac{H_{sh} V_{sh}}{\eta_{sh}} \tag{9.8}$$

引起水的温升为:

$$\Delta t = 0.287\ 9\ \frac{H_{sh} V_{sh}}{\eta_{sh} V_{sh} \rho_{sh} c_{sh}} = 0.068\ 79\ \frac{H_{sh}}{\eta_{sh}} \tag{9.9}$$

式中　H_{sh}——水泵扬程,kPa;

　　　V_{sh}——流量,m³/s;

　　　η_{sh}——水泵效率,一般为 0.6～0.85;

　　　ρ_{sh}——密度,kg/m³;

　　　c_{sh}——比热容,kJ/(kg·℃)。

④ 电动机运转时放热。电动机运转时放热 Q_E 如下式计算:

$$Q_E = N_i (1 - \eta_E) k_t \tag{9.10}$$

式中　N_i——电动机功率,kW;

　　　η_E——电动机效率;

　　　k_t——时间利用系数。

(4) 人员放热

煤矿井下作业人员的放热量主要是由从事工作内容的劳累程度和工作时间

所决定,煤矿作业人员在进行作业时身体的放热 Q_R 可按下式进行近似计算:

$$Q_R = k_R q_R N \tag{9.11}$$

式中　k_R——矿工同时工作系数,一般为 0.5~0.7。

　　　q_R——人均放热,kW,一般参考以下数据取值:静止状态时取 0.09~
　　　　　　0.12 kW;轻度体力劳动时取 0.2 kW;中度体力劳动时取
　　　　　　1.275 kW;繁重体力劳动时取 0.47 kW。

　　　N——作业地点总人数。

（5）氧化放热

煤层经过开采,巷道内的支护材料、围岩以及矿体本身等会发生氧化反应而放出热量,例如:

$$C + O_2 = CO_2 + 1\ 757\ J$$

$$C + \frac{1}{2}O_2 = CO + 9.86\ J$$

$$2H + \frac{1}{2}O_2 = H_2O + 21.6\ J$$

煤矿井下复杂的环境导致氧化放热现象分布范围广,且机理复杂,难以具体分离单独求解,因此,巷道内各个材料的氧化放热计算可利用实测数据回归计算方法:

$$Q_o = q_o v^{0.8} U L \tag{9.12}$$

式中　Q_o——氧化放热,kW;

　　　v——巷道风流平均速度,m/s;

　　　q_o——$v = 1$ m/s 时单位面积氧化放热,kW/m²,在无实测资料时,可取
　　　　　　3.46×10^{-3} kW/m²。

（6）热水放热

煤矿井下的储水量较大,上部岩体与地下深部热水接触时被加热,同时,巷道内涌入的热水会加热风流,因此,地层深部热水会对井下环境产生重大影响。

水温及涌水量是决定热水放热的主要因素。通常,热水在巷道内的放热可按下式计算:

$$Q_w = M_w c (t_w - t) \tag{9.13}$$

式中　Q_w——热水放热,kW;

　　　M_w——涌水量,kg/s;

　　　c——涌水的比热容,取 $c = 4.187$ kJ/(kg·℃);

　　　t_w——涌水平均水温,℃;

　　　t——巷段出口平均水温,℃。

9.1.2 湿源分析

煤矿井下的湿度指标一般用相对湿度来表示,据资料分析,50%～60%之间的相对湿度是最适合矿工的工作环境。但在我国绝大多数矿井而言,由于开采深度较深,相对湿度从没达到过合适范围,我国煤矿工作面相对湿度通常达到90%～100%,长时间在如此高的湿度下工作,对井下工人的身心健康造成了严重影响。

(1)矿井内敞开水表面及潮湿的地面的散湿量

由于矿井水流出及开采过程生产用水,井下存在大量的水表面及潮湿地面,通过这些水表面及潮湿地面散发到井下风流中的水分加大了空气的含湿量。

井下敞开水表面向风流中散湿量计算公式如下:

$$W_1 = F_1(\alpha + 0.003\,63v)(p_2 - p_1)\frac{B_0}{B} \times 10^{-5} \qquad (9.14)$$

式中　W_1——自由水面散湿量,kg/s;

　　　F_1——水分蒸发的总表面面积,m^2;

　　　v——蒸发表面的空气流动速度,m/s;

　　　p_1——相应于水表面温度的饱和水蒸气分压力,Pa;

　　　p_2——风流中空气的水蒸气分压力,Pa;

　　　B_0——标准大气压,Pa;

　　　B——井下风流空气大气压,Pa;

　　　α——不同水温下的蒸发系数,见表9.1。

表 9.1　不同水温下的蒸发系数

水温/℃	<30	40	50	60	70	80	90	100
α	0.022	0.028	0.033	0.037	0.041	0.046	0.05	0.06

湿地面与室内空气的热湿交换是在绝对热条件下进行的,由空气供给水分蒸发所需的热量,故地面水层的温度近似等于空气的湿球温度。其散湿量可按下式计算:

$$W_2 = \frac{KF_2(t_n - t_{ns})}{r} \qquad (9.15)$$

式中　W_2——湿地面散湿量,kg/s;

　　　K——水面与风量之间的传热系数,W/($m^2 \cdot$℃);

　　　F_2——湿地面表面面积,m^2;

　　　t_n——风流空气干球温度,℃;

t_{ns}——风流空气湿球温度，℃；

r——水的汽化潜热，kJ/kg。

（2）人体散湿量

井下作业人员可经由排汗、呼吸散湿，其大小与人员活动程度、空气流动速度以及工作环境温度相关。人体的散湿量可按下式计算：

$$W_3 = nw \tag{9.16}$$

式中　W_3——井下人体散湿量，g/h；

　　　n——井下人数，人；

　　　w——每人每小时散湿量，g/(h·人)，不同状态下人体散湿量的取值如表9.2所示。

表9.2　不同状态下人体散湿量　　　　　单位:g/h

室内温度/℃	静止	轻度劳动	中度劳动	繁重劳动
21	42	86	154	256
22	44	92	163	267
23	46	98	172	278
24	48	106	181	289
25	50	115	190	300
26	56	122	199	311
27	61	129	207	322
28	65	136	216	333
29	71	144	224	345
30	77	152	233	357
31	85	162	242	368
32	93	172	251	379
33	101	183	260	390
34	109	194	270	401
35	117	205	280	412

（3）地面空气带入的水分

夏季,潮湿的地面空气由矿井通风进入井下,会增加空气的相对湿度。地面空气带入的水分可用下式计算：

$$W_4 = L\rho(d_w - d_n) \tag{9.17}$$

式中　W_4——地面空气带入的湿量，g/h；

L——矿井通风量，m^3/h；

ρ——空气的密度，kg/m^3；

d_w——地面空气含湿量，g/kg；

d_n——井下空气含湿量，g/kg。

（4）作业喷雾洒水

粉尘在煤矿井下最为常见，有时会因此造成生产安全事故，这与煤矿井下环境、工作性质和特点有关，为了有效避免煤矿井下粉尘飞扬，最为常见的方法就是在工作面上喷洒水。如果喷洒的水的温度低于露点，喷洒的水不仅能够降低粉尘浓度，还可以有效降低工作面的温度和湿度。反之，如果喷洒的水的温度高于露点，若在降低粉尘浓度的同时也会使工作面相对湿度变大。

9.2 采煤工作面需冷负荷计算

9.2.1 需冷负荷计算方法

根据矿井热源计算矿井冷负荷。矿井热源主要有围岩放热、矿用机电设备放热、运输中煤炭及矸石放热、热水放热、氧化放热以及人员放热等。根据能量守恒定律，可以认为矿井热源导致了矿井温升，产生了矿井热害，矿井冷负荷可以根据矿井热源散热进行计算，计算公式如下：

$$Q_冷 = Q_散 = Q_w + Q_j + Q_R + Q_k + Q_o + Q_w \tag{9.18}$$

式中 $Q_冷$——需冷负荷，kW；

$Q_散$——热源散热，kW；

Q_j——矿用机电设备放热，kW。

一般情况下，热源放热与需冷负荷不完全相等，二者存在以下关系：

$$Q_冷 = Q_散 - \Delta Q \tag{9.19}$$

式中 ΔQ——风流的吸热，kW。

因此，当 $\Delta Q = 0$ 时，$Q_冷 = Q_散$；当 $\Delta Q > 0$ 时，$Q_冷 < Q_散$；当 $\Delta Q < 0$ 时，$Q_冷 > Q_散$；当 $\Delta Q = Q_散$ 时，$Q_冷 = 0$。

9.2.2 除湿量计算方法

湿空气的含湿量 d：

$$d = 0.622 \frac{p_w}{B - p_w} \tag{9.20}$$

井巷终端的空气的焓：

$$i_2 = i_1 + (d_2 - d_1) i_{fw} \tag{9.21}$$

井巷始端空气的焓：

$$i_1 = ct_1 + 2\,501d_1 = ct_1 + d_1 i_{b1} \tag{9.22}$$

将式(9.22)代入式(9.21)中,得:

$$i_2 = ct_2 + d_2 i_{b2} = ct_1 + d_1 i_{b1} + i_{f2}(d_2 - d_1) \tag{9.23}$$

$$i_{fb2} = i_{b2} - i_{f2} \tag{9.24}$$

式中　i_1——井巷始端空气的焓,J/kg;

$\quad\quad i_2$——井巷终端空气的焓,J/kg;

$\quad\quad i_b$——饱和水蒸气的焓,J/kg;

$\quad\quad i_{fw}$——饱和水的焓,J/kg;

$\quad\quad i_{f2}$——气温为 t_2 时饱和水的焓,J/kg;

$\quad\quad B,p_w$——大气压力和水蒸气的分压力,Pa;

$\quad\quad d_2 - d_1$——水分蒸发量。

9.2.3　计算实例

9.2.3.1　工作面散热计算

根据在山东某矿的所测数据,对工作面热源分布情况进行分析,计算所得焓值变化及相对湿度变化情况见表9.3。

表 9.3　焓值及相对湿度变化表

测点编号	测点位置	焓值/(kJ·kg⁻¹)	相对湿度/%
1	下平巷进风口	98.44	95.30
2	距下平巷进风口 50 m	99.01	96.06
3	距下平巷进风口 200 m	100.56	96.36
4	工作面进风口	102.88	96.34
5	支架 12	103.42	96.35
6	支架 40	104.50	96.36
7	支架 60	106.15	97.81
8	支架 80	107.25	96.39
9	支架 100	109.52	97.11
10	工作面出风口	113.08	100.00
11	上平巷内距工作面 50 m	114.84	100.00
12	上平巷内距工作面 200 m	115.03	100.00
13	上平巷出口	115.23	100.00

计算工作面散热量时分区段计算,第一区段为下平巷入口到工作面进风隅角,第二区段为采煤工作面,第三区段为回风隅角到上平巷出口。

（1）第一区段

① 主要热源：围岩散热，运输中煤散热，带式输送机、转载机、破碎机散热；

② 计算参数：风量为 800 m³/min，空气密度取值 1.15 kg/m³；

③ 计算：

$$Q_1 = M_1 \cdot \Delta H_1 = 20 \times 1.15 \times (102.88 - 98.44) = 102.12 \text{ (kW)}$$

式中　M_1——风流的风量，kg/s；

　　　ΔH_1——焓差，kJ/kg。

其中煤炭散热由式（9.4）得：

$$Q_k = mc_m \Delta t = mc_m \times 0.002\ 4L^{0.8}(t_r - t)$$

$$= 28.9 \times 1.25 \times 0.002\ 4 \times 250^{0.8}(35.5 - 28) \approx 53.88 \text{ (kW)}$$

另转载机散热 31.5 kW，破碎机散热 16 kW。

（2）第二区段

① 主要热源：采空区散热、围岩散热、运输中煤散热、机电设备散热、人员散热；

② 计算参数：煤的导热系数为 2.984 W/(m·℃)，比热容为 730 J/(kg·℃)，密度为 2 950 kg/m³，风量为 1 200 m³/min，空气密度取值 1.15 kg/m³。

由式（9.4）和式（9.5）得：

$$Q_k = mc_m \Delta t = mc_m \times 0.002\ 4L^{0.8}(t_r - t)$$

$$= 28.9 \times 1.25 \times 0.002\ 4 \times 160^{0.8} \times (32 - 30.2) \approx 9.05 \text{ (kW)}$$

由式（9.6）得：

$$Q_{cj} = \eta \times N_{cj} = 0.23 \times (730 + 2 \times 315 + 2 \times 315) = 457.7 \text{ (kW)}$$

上式中 η 取经验值 0.23；N_{cj} 包括：采煤机功率 730 kW，前部刮板输送机 2×315 kW，前部刮板输送机 2×315 kW。

由式（9.11）得：

$$Q_R = k_R q_R N = 0.5 \times 0.275 \times 25 = 3.437\ 5 \text{ (kW)}$$

上式中人员共同作业系数 k 取 0.5，中等体力劳动 q_R 取值为 0.275 kW，N 取值为 25。

由式（9.1）得：

$$Q_w = k_T UL(t_{rm} - t) = 2.984 \times 16 \times 160(38 - 31.7) \approx 48.13 \text{ (kW)}$$

上式中 k_T 取值为 2.984，U 取值为 16 m，L 取值为 160 m，t_{rm} 取值为 38 ℃，t 取值为 31.7 ℃。

③ 计算：

$$Q_2 = 9.05 + 457.7 + 3.437\ 5 + 48.13 \approx 518.32\ (\text{kW})$$

（3）第三区段

① 主要热源：围岩散热；

② 计算参数：风量取值为 1 200 m³/min，空气密度取值为 1.15 kg/m³；

③ 计算：

$$Q_3 = M_3 \cdot \Delta H_3 = 20 \times 1.15 \times (115.23 - 113.08) = 49.45\ (\text{kW})$$

由以上计算结果可以看出，工作面、运输巷作为热源的集中区域，散热远大于轨道巷，对风流温度变化具有重要作用。

单个采煤工作面总的热负荷为 102.12＋518.32＋49.45＝669.89（kW）。

9.2.3.2　冷量损失计算

冷水输送管道温差传热引起的冷量损失可按下式计算：

$$Q_1 = KF(t_{\text{wb}} - t_{\text{w}}) = 2K\pi r_3 l(t_{\text{wb}} - t_{\text{w}}) \tag{9.25}$$

式中　Q_1——管道的冷量损失，W；

l——管道长度，m；

t_{wb}——巷道风流温度，℃；

t_{w}——管道内平均水温，℃；

K——管道的传热系数，取值为 3.68 W/(m·K)。

代入相关数据，得管路中冷量损失为 $Q_1 = 2 \times 3.68 \times 3.14 \times 0.2 \times 11.57 \approx 53.5$（kW）。

9.2.3.3　采煤工作面降温冷负荷计算

矿井降温系统的目的是降低采煤工作面的风温。所以，载冷剂利用制冷机排热系统将从工作面风流中吸收的热量转移至回风巷或地面大气中。矿井制冷降温系统冷负荷主要是采掘工作面冷负荷之和，再加上系统的冷量损失。但是，要精确计算或者预测矿井降温系统的冷量损失较为复杂，尤其是管道的冷量损失。由于矿井采用的系统是一种面向对象的除湿降温方式，因此采用需用系数算法，则采煤工作面的需冷量为：

$$Q_{\text{xt}} = Q_{\text{cm}} \cdot k \tag{9.26}$$

式中　Q_{xt}——采煤工作面制冷负荷，kW；

Q_{cm}——采煤工作面需冷负荷，kW；

k——备用系数，取值范围为 1.1～1.2，采用局部降温系统时取 1.1。

代入相关数据，计算得到某矿 1412 工作面制冷降温系统冷负荷为：

$$Q_{\text{xt}} = Q_{\text{cm}} \cdot k = (669.89 + 53.5) \times 1.1 \approx 796\ (\text{kW})$$

9.3 采煤工作面除湿降温风流流场模拟

9.3.1 采煤工作面基本情况介绍

以山东某矿的 1412 工作面的巷道为模拟研究对象。采煤工作面的总长度为 169.4 m,进风巷与回风巷的巷道宽度均为 4.7 m,工作面的回采长度为 160 m,宽 4.7 m,高 3.1 m。风筒半径为 400 mm,风筒中心距离地面 2 m,距离靠近采煤面一侧 2.4 m。

采煤工作面的相对湿度为 91%,温度为 303 K(30 ℃),背景风流的速度为 2 m/s;采煤工作面上煤层一侧的壁面施加的温度 $T_煤$=304 K,另一侧采空区的壁面上的温度 $T_空$=306 K,在进风巷和回风巷的壁面上的温度 $T_进$=302 K;采煤机长 6 m,宽 2 m,高 1.5 m,温度 $T_机$=315 K(42 ℃),功率 N_K=730 kW。

工作面的需风量为 1 200 m³/min,风机的出风量为 390 m³/min,计算可得空冷器出口的冷却风流的速度为 8 m/s。

9.3.2 物理模型的建立

对采煤工作面的降温空间进行降湿降温模拟,风筒出口设置在进风巷,距离采煤工作面 20 m。空间内的热源为采煤机(模拟时将人和采煤机简化为采煤机)、壁面和采空区,模型如图 9.1 所示。

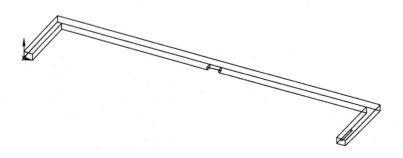

图 9.1　采煤工作面三维建模图

模拟主要针对采煤工作面的温、湿度变化,因此,进、回风不是主要的模拟对象。进、回风巷道长 30 m,为了便于模拟,将采煤机置于工作面中部。

9.3.3 在不同送风条件下的温、湿度模拟

在煤矿井下,风量不能无限制增大,因为风速会随着风量的增加而增大。煤矿井下粉尘较多,风速增加会引起扬尘,不利于作业人员身体健康,风速超过

1.5～2 m/s时,煤灰及尘土就可能被吹起。

根据上述初始条件,利用 ANSYS 软件对采煤工作面的风流温、湿度进行模拟。风速不变时,改变风流的温度和湿度,模拟结果如下：

① 当风筒出口的风流温度为 20 ℃,相对湿度为 90％时的模拟结果如图 9.2、图 9.3 所示；

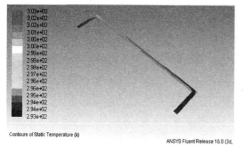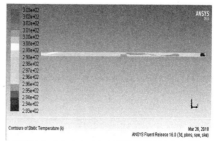

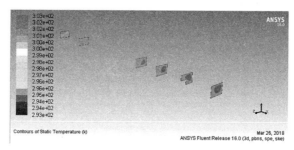

图 9.2 $Y=1.5$ m、$Z=31.5$ m、X 轴上的温度分布图(一)

② 当风筒出口的风流温度为 22 ℃,相对湿度为 70％时的模拟结果如图 9.4、图 9.5 所示；

③ 当风筒出口的风流温度为 22 ℃,相对湿度为 90％时的模拟结果如图 9.6、图 9.7 所示。

9.3.4 模拟结果分析

9.3.4.1 风流温度变化时对降温空间的影响

(1) 风流温度变化时对降温空间温度的影响

通过对图 9.2(风流温度为 20 ℃、相对湿度为 90％)与图 9.6(风流的温度为 22 ℃、相对湿度为 90％)的温度分布图对比可知,当进风风流的湿度不变而温度降低时,风流在降温区域内的温度会有降低,但降温范围与降温距离的变化很小,说明均流风流作为背景风流时,进风风流的温度对制冷范围没有较大影响,只对制冷范围空间内的空气温度有影响。

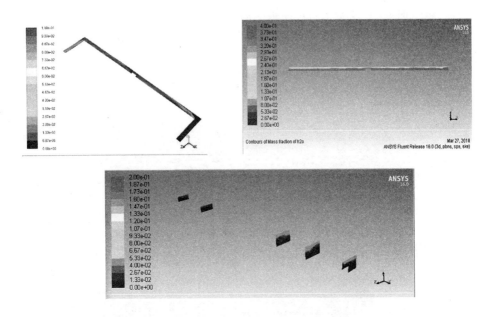

图 9.3 $Y=1.5$ m、$Z=31.5$ m、X 轴上的水蒸气质量分数分布图(一)

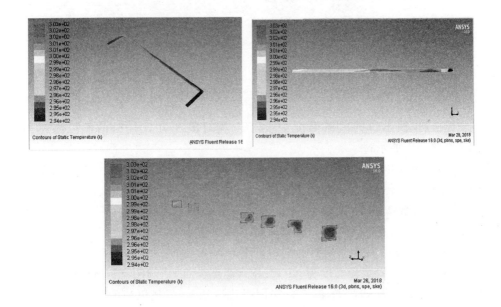

图 9.4 $Y=1.5$ m、$Z=31.5$ m、X 轴上的温度分布图(二)

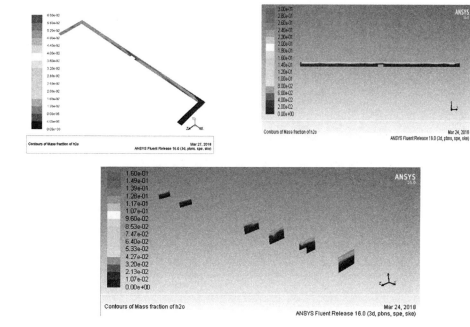

图 9.5 $Y=1.5$ m、$Z=31.5$ m、X 轴上的水蒸气质量分数分布图(二)

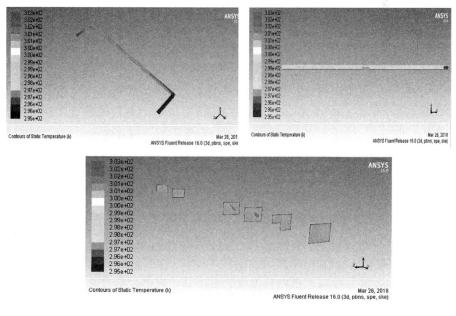

图 9.6 $Y=1.5$ m、$Z=31.5$ m、X 轴上的温度分布图(三)

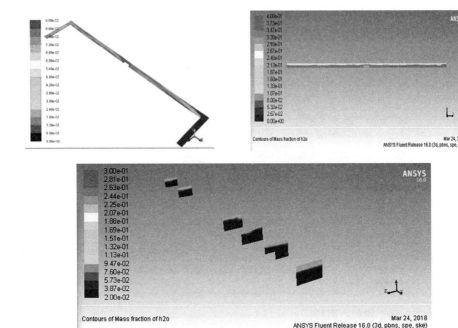

图 9.7 $Y=1.5$ m、$Z=31.5$ m、X 轴上的水蒸气质量分数分布图(三)

(2)风流温度变化时对降温空间湿度的影响

由于在 ANSYS 模拟中,水蒸气的相对湿度无法用参数直接表示,因此,选用水蒸气的质量分数替换表示。通过对图 9.3(风流温度为 20 ℃、相对湿度为 90%)与图 9.7(风流的温度为 22 ℃、相对湿度为 90%)的水蒸气质量分数分布图对比可知,当湿度不变,风流温度降低时,降温区域的空气内的含湿量变化范围几乎没有变化,但是在降温区域内的相对湿度会有小幅度的升高,说明均流风流作为背景风流时,进风风流的温度变化对除湿空间的范围没有太大影响,但对范围空间内的空气的含湿量有一定的影响。

9.3.4.2 风流湿度变化时对降温空间的影响

(1)风流湿度变化时对降温空间温度的影响

通过对图 9.4(风流温度为 22 ℃、相对湿度为 70%)与图 9.6(风流温度为 22 ℃、相对湿度为 90%)的温度分布图对比可知,当风流的湿度降低时,风流降温的范围增加,并且降温范围内的温度明显降低。说明存在背景风流时,降低进风风流的湿度,能够在一定程度上加大降温的范围并降低空间范围内的温度。

(2)风流湿度变化时对降温空间湿度的影响

通过对图 9.5(风流温度为 22 ℃,相对湿度为 70%)与图 9.7(风流温度为 22 ℃,相对湿度为 90%)的湿度分布图对比可知,当风流的湿度降低时,降温空间内水蒸气的质量分数有明显降低。说明进风风流的湿度降低时,在一定程度上可以加大工作面湿度降低范围,可以更好地满足人体舒适性。

通过图 9.2~图 9.7 的降温空间内的水平与垂直面上的降温范围可知,水平方向上的降温范围比垂直方向上的降温范围大;在降温空间内温度分布在铅垂方向上的变化比水平方向上的变化大,温度变化总体呈阶梯状分布。通过温度分布图、水蒸气质量分数分布图说明温度、湿度能够相互作用、相互影响。降低进风风流湿度能够在一定程度上加大降温的范围并降低空间范围内的温度。风速一定时,减小送风湿度能够增加降温空间的范围,提高人体舒适性。

通过以上分析表明:适当提升温度并降低进风湿度可以增加采煤工作面的降温空间,因此,除湿降温技术对于满足井下工人人体舒适性具有重要意义。

10 采煤工作面除湿降温系统工程实践

10.1 采煤工作面概况

选用山东某矿为实测对象,该矿的采掘深度已经达到 −1 200 m 水平,因地温升高而产生的矿井热害问题日益凸显。对该区域正在生产的 1412 采煤工作面环境温度进行了测定,具体情况如下:

1412 采煤工作面面长 160 m。通风方式采用 U 形通风,工作面需风量为 1 200 m³/min,风机的出风量为 390 m³/min。

1412 采煤工作面现场温度常年高于 29 ℃,夏季最热回风为 33 ℃,湿度高达 95%以上,高温、高湿的环境已严重影响井下作业人员的身心健康和生产效率,成为安全隐患。为改善以上情况,急需实施有效的降温措施来改善劳动环境。

针对该矿 1412 采煤工作面的实际情况,可利用有效的除湿降温设备来降低采煤工作面的温、湿度,切实解决现场高温、高湿问题,改善工人工作环境,提高生产效率。

10.2 采煤工作面除湿降温系统

10.2.1 系统设计方案

除湿降温系统主要由除湿降温装置、中央制冷装置、换热器冷却装置三部分组成。除湿降温装置主要包括空冷器、除湿器、风机及控制开关;中央制冷装置主要包括制冷机、调节水箱、水泵、除砂器、止回阀;换热冷却装置主要包括恢复器、板式换热器、水泵、水箱、风机等。

除湿降温制冷装置首先由除湿器、恢复器两端的水泵分别将除湿器、恢复器中的溶液吸入制冷机组,然后制冷机组制出冷热溶液。机组通过蒸发器对除湿器处泵送入的溶液进行降温,然后经冷冻水出口送至除湿器进行喷淋,井下湿热空气与低温除湿溶液直接接触,达到除湿降温的目的,最后经空冷器冷却后的风流直接被送至采煤工作面。

机组通过冷凝器对恢复器处泵送入的溶液进行加热升温,然后经冷却水出口送至恢复器进行喷淋,使高温溶液与井下空气直接接触,由于高温除湿溶液表面饱和蒸汽压低于与之接触的空气饱和蒸汽压,因此井下空气通过高温溶液后带走部分水分,从而使除湿溶液浓度增大,溶液被恢复,高温、高湿空气则由风机、风筒送入无人回风巷放热。除湿器与恢复器中的溶液通过管路相互补充,保持除湿器、恢复器中的溶液浓度动态平衡。如图 10.1 所示(见下页)。

10.2.2　工艺流程

10.2.2.1　除湿工艺流程

高温、高湿的空气在风机的作用下通过除湿器的紧密床体(大多由填料层构成),液体除湿剂由溶液泵通过液体分布器喷淋到紧密床体上,并形成均匀的液膜向下流动,与空气在除湿器内进行热质交换,从而达到除湿的目的。

10.2.2.2　降温工艺流程

制冷机组将低温冷媒溶液送至空冷器,而安装于空冷器一端的局部通风机则不断地吸入周围环境中的热空气与空冷器内铜质盘管间进行冷热交换,从而达到降低温度的目的。吸收热负荷后的冷媒溶液回流至矿用制冷设备的蒸发器再次进行循环。

10.3　系　统　组　成

10.3.1　排热系统

防尘水或水仓水经换热器吸收制冷机产生的热量,通过汇入回水管路排到地面或者经管路排到水仓,该方法所用设备对水质有要求。系统的一部分热量通过水分蒸发排热,还有一部分热量通过换热器的作用与矿井水换热排出。

10.3.2　溶液循环系统

通常,煤矿井下使用的制冷设备主要包括主机、冷凝器和蒸发器三个部分。压缩机设置在主机中,主要功能是将吸收过热负荷的低压气态制冷剂吸入并压缩为高压、高温蒸汽,通过主机中的冷凝器将热量传递给冷却溶液,同时制冷剂变为低温、高压液体。而后低温、高压状态下的制冷剂通过膨胀节流阀,变为低温、低压气液两相混合物进入蒸发器,通过主机中的蒸发器将冷量传递给冷冻溶液。溶液循环系统是一套闭式循环系统,主要为末端设备(空冷器、除湿器)提供冷量。溶液中添加了缓蚀剂,对管路的腐蚀很少,基本没有影响。

10.3.3　局部降温系统

制冷溶液系统将低温冷媒溶液送至空冷器,空冷器一侧的局部通风机将周围环境的热空气吸入,热空气吸入后与空冷器中的铜质盘管进行冷热交换,达到降温目的。冷媒溶液吸收热负荷之后回流至制冷机组的蒸发器进行再次循环。

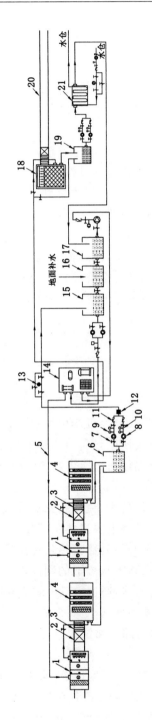

图 10.1 降温除湿系统结构图

1—空冷器;2—风机;3—硬质风筒;4—除湿器;5—水管;6—水箱 A;7—节流阀;8—水泵;9—传感器;10—压力传感器;11—止回阀;
12—过滤器;13—旋流除砂器;14—制冷机;15—水箱 B;16—水箱 C;17—水箱 D;18—恢复器;19—水箱 E;20—风筒;21—板式换热器。

10.3.4 局部除湿系统

局部除湿系统主要由除湿器、恢复器、水泵、风机、风筒及电控系统等设备组成。在下平巷局部通风机前安装有除湿器,通过特有的溶液除湿技术对进风流空气进行局部除湿处理。除湿器出口空气温度降低7～10 ℃,空气除湿量达7～15 g/m³,空气相对湿度降低20％～30％。如图10.2所示。

图 10.2 除湿器

10.4 系统设备选型及布置

10.4.1 制冷设备选型

由采煤工作面降温冷负荷计算部分的内容可知,采用局部除湿降温系统对采煤工作面实施降温,降温设备制冷功率应以 800 kW 作为参考。

煤矿采用 ZLS-800/1140 型制冷机组对采煤工作面进行降温,机组冷冻溶液进出温度为 17 ℃/5 ℃,冷却溶液的进出温度为 40 ℃/50 ℃。其部分设计参数如表10.1所示。

表 10.1 ZLS-800/1140 型制冷机组的部分设计参数

机组型号及名称	机组设计条件		机组主要技术参数	
ZLS-800/1140 型矿用防爆制冷装置	载冷剂进/出水温度	17 ℃/5 ℃	单台机组制冷功率	800 kW
	冷却水进/出水温度	40 ℃/50 ℃	单台机组轴功率	212 kW
			单台机组主电动机功率	250 kW
	要求制冷功率	800 kW	单台机组油泵电动机功率	1.1 kW
			设计余量	—

10.4.2 系统设备布置

(1) 除湿降温末端换热装置

除湿降温末端换热装置采用空冷器。根据制冷功率,共需布置2台空冷器,2台风机,2台除湿器。

① 空冷器参数:型号为 KL-350;制冷功率为 350 kW;冷水进/出口温度为 5 ℃/17 ℃;冷水流量为 25 m³/h。

② 风机参数:风量为 250~400 m³/min;风压为 600~1 200 Pa。

③ 除湿器参数:型号为 CS-400;除湿量为 250 kg/h。

(2) 系统设备布置

采煤工作面围岩温度<40 ℃且风量足够时,可将空冷器放置在进风巷内,采用进风巷集中冷却风流。采煤工作面推进速度和降温效果是影响空冷器放置地点的两个因素。根据空气比热容小但升温快这一特性,可知空冷器距离采煤工作面进风口越近,降温效果越好。但不能无限制靠近工作面,因为生产工作面采煤机来回移动,会造成空冷器的频繁移动,影响工作面生产效率。

确定制冷机组最佳位置相当复杂,这是由于:

① 巷道中的热源与风流的热湿交换;

② 局部热源和其他因素的影响;

③ 巷道中冷却点的分散性。

采煤工作面局部降温系统采用单套 ZLS-800/1140 型制冷降温机组,该机组配备有两台 350 kW 空冷器,两套溶液除湿装置,额定制冷功率为 836 kW,可处理风流体积流量为 12.5 m³/s,即 750 m³/min,风流降温处理后能够达到温度为 15.5 ℃、相对湿度为 70%,根据焓湿图软件可以查得降温处理后风流焓值为 35.033 kJ/kg。处理后低温风流与未处理风流混合,混合风流与沿程围岩进行热交换后到达采煤工作面。满足采煤工作面冷量需求的情况下,采煤工作面进风口处风流温度即采取局部降温措施后进风混合风流到达采煤工作面的温度应为 24 ℃,相对湿度为 80%,根据焓湿图软件可以查得此时采煤工作面进风口处风流焓值为 62.449 kJ/kg。

遵循节约成本、便于安装管理的原则,制冷机组尽量采用一次性安装,在整个回采计划中不随着采煤工作面的推进而移动位置。以 1412 采煤工作面为例,根据其采煤工作面生产推进计划,初步设计在 1010 管子井以东(1412 泵站、六层石门)布置制冷机组。ZLS-800/1140 型制冷机组配备有 2 台空冷器,2 台除湿器,提出以下设备布置方案:

空冷器布置在下平巷与石门交汇处,距工作面 400 m 处合适位置,空冷器接风筒并送至采煤工作面进风口处。风筒选用 800 mm 抗静电阻燃软质风筒,所需风筒长度为 200 m 左右。

除湿器布置在局部通风机前端,具体布置如图 10.3 所示。

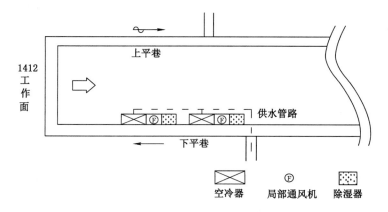

图 10.3　局部除湿降温系统末端设备布置示意图

10.5　采煤工作面实测数据分析

为了验证除湿降温系统的适用性,现对 1412 工作面进行风流参数的测定。选取 6—8 月这三个气温较高的月份进行风流参数测定。

根据所需测量数据或记录的参数,需要准备的主要测量仪器包括:温度计(精度较高、灵敏、容易观察、进场前需校核)、红外线温度计(防爆、直接测量壁面以及一些其他不易直接接触面的温度),干、湿球温度计等。

实际的测试点:进风巷中,距离采煤工作面 20 m 的点为 1,后面每隔 20 m 设置一个测试点,依次设置 11 个测试地点,如图 10.4 所示。

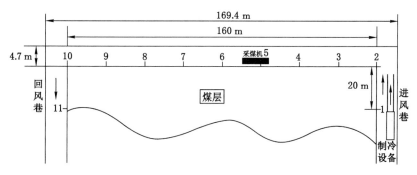

图 10.4　测点布置图

10.5.1 初始风流变化规律

（1）干、湿球温度变化规律

选取 6 月 15 日和 6 月 28 日两天对采煤工作面初始风流进行测定，其干、湿球温度值见表 10.2、表 10.3。

表 10.2　6 月 15 日各个观测点的干、湿球温度值

观测点	1	2	3	4	5	6	7	8	9	10	11
干球温度/℃	28.7	30.1	31.2	31.4	31.8	31.8	31.9	32.2	32.2	32.4	32.7
湿球温度/℃	28.4	29.8	30.9	31.2	31.5	31.5	31.7	32.0	32.0	32.1	32.5

表 10.3　6 月 28 日各个观测点的干、湿球温度值

观测点	1	2	3	4	5	6	7	8	9	10	11
干球温度/℃	29.0	30.8	31.3	31.6	31.8	32.0	32.3	32.4	32.4	32.6	33.0
湿球温度/℃	28.9	30.6	31.0	31.4	31.6	31.8	32.0	32.1	32.2	32.3	32.8

已知 6 月 15 日观测点 1 的风流干球温度为 28.7 ℃，湿球温度为 28.4 ℃，结合图 10.5 可知，采煤工作面巷道内风流的干球风温由 28.7 ℃升高到 32.7 ℃，湿球风温也有所增加，之后风流的干、湿球温度变化不大，即巷道回风流趋于稳定。

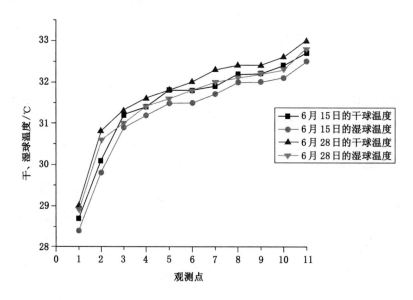

图 10.5　初始风流干、湿球温度折线图

已知 6 月 28 日风筒出口处的风流干球温度为 29.0 ℃,湿球温度为 28.9 ℃,相对于 15 日温、湿度有所升高,当送风距离为 160 m(即测点 10 处),风流升高到了 32.6 ℃,巷道回风流处干球温度为 33.0 ℃,可见,采煤工作面风流未经过降温处理时,环境温度较高,作业人员无法正常工作,影响矿井生产效率。

(2)相对湿度和含湿量变化规律

测定 6 月 15 日和 6 月 28 日这两天的风流的相对湿度和含湿量。数据见表 10.4、表 10.5。

表 10.4　6 月 15 日各观测点的相对湿度和含湿量

观测点	1	2	3	4	5	6	7	8	9	10	11
相对湿度/%	94.15	95.13	95.89	96.57	97.35	98.56	98.79	98.93	99.21	99.53	99.55
含湿量/(g·kg⁻¹)	27.77	27.77	27.60	27.50	27.50	27.55	27.70	27.70	27.75	27.73	27.70

表 10.5　6 月 28 日各观测点的相对湿度和含湿量

观测点	1	2	3	4	5	6	7	8	9	10	11
相对湿度/%	95.00	95.31	96.34	96.92	97.64	98.64	98.92	99.23	99.72	99.77	99.78
含湿量/(g·kg⁻¹)	28.21	28.21	28.22	28.23	28.24	28.30	28.31	28.29	28.27	28.28	28.30

由以上的观测数据可绘制出初始风流的相对湿度和含湿量折线图,如图 10.6、图 10.7 所示。

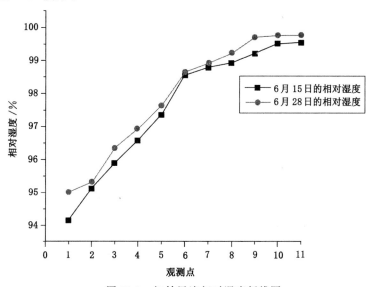

图 10.6　初始风流相对湿度折线图

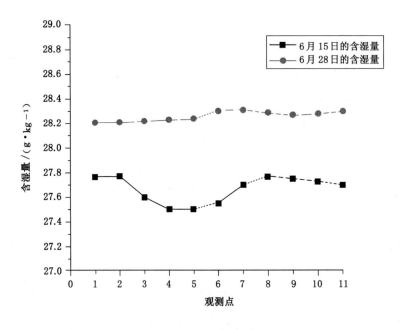

图 10.7　初始风流含湿量折线图

由图 10.6 可以看出,风流的相对湿度都比较高,都在 90% 以上,进风巷至采煤工作面区间内相对湿度呈上升趋势,即将到达回风巷以及回风巷区间内逐渐接近饱和。由图 10.7 可知,6 月 15 日进风的含湿量低于 6 月 28 日进风的含湿量,从进风巷至回风巷,含湿量最大达到了 27.77 g。6 月 28 日含湿量最大达到了 28.30 g,因此,在没有对风流进行除湿降温处理时,整个采煤工作面的温度、湿度都比较大,影响工人的身体健康和工作效率。

10.5.2　经空冷器处理的风流变化规律

（1）干、湿球温度变化规律

选取 7 月 15 日和 7 月 26 日两天对空冷器处理后的风流进行测定,其干、湿球温度值见表 10.6、表 10.7。

表 10.6　7 月 15 日各观测点的干、湿球温度数据

观测点	1	2	3	4	5	6	7	8	9	10	11
干球温度/℃	20.8	21.8	22.7	23.6	24.8	25.7	26.9	27.2	27.8	28.4	28.6
湿球温度/℃	20.6	21.6	22.4	23.4	24.7	25.5	26.7	27.0	27.6	28.3	28.4

表 10.7　7 月 26 日各观测点的干、湿球温度数据

观测点	1	2	3	4	5	6	7	8	9	10	11
干球温度/℃	21.5	22.0	22.9	24.0	25.1	26.2	27.3	27.9	28.5	28.7	28.9
湿球温度/℃	21.3	21.9	22.7	23.8	24.8	26.0	27.1	27.6	28.2	28.5	28.6

由上述的观测数据绘制经过空冷器处理的风流干、湿球温度折线图,如图 10.8 所示。这两天的干球温度保持在 20~29 ℃之间,湿球温度保持在 20~29 ℃之间,由于送风距离较长,风流在传输过程中与外界环境对流换热,回风巷的干球温度基本达到了 29 ℃。

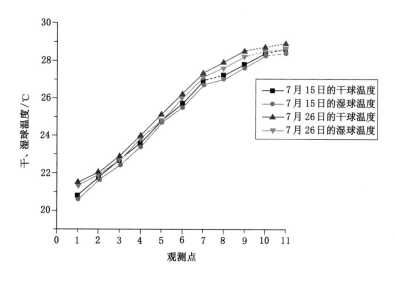

图 10.8　风流干、湿球温度折线图(空冷器)

(2) 相对湿度和含湿量的变化规律

分别测定 7 月 15 日及 7 月 26 日经过空冷器处理的风流在各个观测点的风流相对湿度和含湿量。其结果见表 10.8、表 10.9。

表 10.8　7 月 15 日各观测点的相对湿度和含湿量

观测点	1	2	3	4	5	6	7	8	9	10	11
相对湿度/%	85.96	86.34	87.58	88.74	89.23	91.14	92.57	93.43	94.38	95.47	95.63
含湿量/(g·kg⁻¹)	23.9	24.3	25.0	25.2	25.5	26.3	26.9	27.0	27.5	27.73	27.7

表 10.9 7 月 26 日各观测点的相对湿度和含湿量

观测点	1	2	3	4	5	6	7	8	9	10	11
相对湿度/%	84.38	85.24	86.43	87.52	88.71	89.64	91.57	92.33	93.46	94.31	94.46
含湿量/(g·kg⁻¹)	22.8	23.4	24.0	24.8	25.3	25.9	26.4	26.9	27.3	27.53	27.61

根据实测数据分别绘制经过空冷器处理的风流的相对湿度和含湿量折线图。由图 10.9 和图 10.10 可知：7 月 15 日、7 月 26 日的井下空气的相对湿度和含湿量缓慢上升，无太大的波动。对于空冷器而言，在温度一定的情况下，含湿量越低，降温效果越好。7 月 26 日含湿量降到 22.8 g/kg，降温效果最好，7 月 15 日含湿量降到 23.9 g/kg，降温效果较好，相比 7 月 15 日较差。

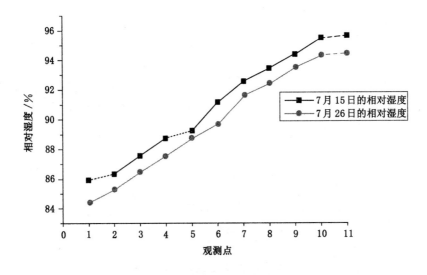

图 10.9 风流相对湿度折线图（空冷器）

通过空冷器处理风流，降低了风流的含湿量，进风巷风流相对湿度有所降低，工作环境有所改善，然而空冷器主要功能是降温，长距离送风导致风流降温效果不明显，除湿则是通过将风流温度降至露点使水分析出来降低风流含湿量，消耗功率大，降幅小。

10.5.3 经除湿降温设备处理的风流变化规律

（1）干、湿球温度变化规律

分别测定 8 月 5 日和 8 月 14 日经过除湿降温设备处理的风流在各个观测点的风流干、湿球温度值。其数据结果见表 10.10、表 10.11。

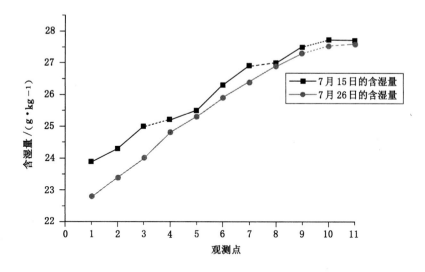

图 10.10　风流含湿量折线图(空冷器)

表 10.10　8 月 5 日各观测点的干、湿球温度

观测点	1	2	3	4	5	6	7	8	9	10	11
干球温度/℃	22.0	22.6	23.1	23.6	23.9	24.5	24.9	25.4	26.0	26.3	26.2
湿球温度/℃	18.4	19.7	21.3	22.4	22.9	23.6	24.1	24.9	25.3	25.8	26.0

表 10.11　8 月 14 日各观测点的干、湿球温度

观测点	1	2	3	4	5	6	7	8	9	10	11
干球温度/℃	22.1	22.7	23.3	23.8	23.9	24.6	25.1	25.5	26.1	26.4	26.4
湿球温度/℃	18.5	19.6	21.4	22.6	23.0	23.8	24.3	25.1	25.5	25.9	26.1

　　通过上述数据表绘制经除湿降温设备处理的风流干、湿球温度折线图,如图 10.11 所示。

　　由图 10.11 可知,风流的湿球温度在 18.4～26.1 ℃之间变化,温差达到 7.7 ℃,干球温度在 22.0～26.4 ℃之间变化,温差为 4.4 ℃。此外,8 月 14 日在采煤工作面中部区域(即测点 6 处),干球温差达到 2.5 ℃,湿球温差达到 5.3 ℃,因此采用除湿降温设备比空冷器效果好。

　　(2)相对湿度和含湿量变化规律

　　测定 8 月 5 日和 8 月 14 日两天除湿降温系统处理之后的风流的相对湿度和含湿量。其数据见表 10.12、表 10.13。

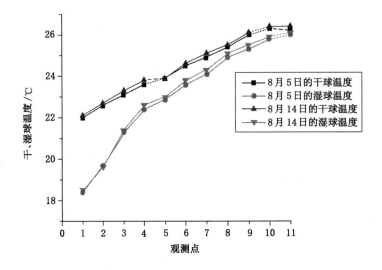

图 10.11　风流干、湿球温度折线图(除湿降温设备)

表 10.12　8 月 5 日各观测点相对湿度和含湿量

观测点	1	2	3	4	5	6	7	8	9	10	11
相对湿度/%	71.76	73.43	75.58	77.44	79.32	82.11	84.23	85.33	86.46	88.31	89.46
含湿量/(g·kg⁻¹)	16.14	17.47	19.12	20.87	22.31	23.21	23.94	24.47	25.11	25.87	26.10

表 10.13　8 月 14 日各观测点相对湿度和含湿量

观测点	1	2	3	4	5	6	7	8	9	10	11
相对湿度/%	70.23	72.46	74.31	76.15	77.43	81.31	82.68	84.39	85.86	87.45	88.74
含湿量/(g·kg⁻¹)	16.07	17.23	18.75	19.97	21.89	22.78	23.34	24.15	24.87	25.38	25.93

　　根据实测数据绘制经过除湿降温设备处理的风流的相对湿度和含湿量折线图,如图 10.12、图 10.13 所示。

　　由图 10.12 及图 10.13 可以看出,除湿降温设备的除湿降温效果非常明显,进风巷的相对湿度分别降到 71.76%、70.23%,含湿量分别降到 16.14 g/kg、16.07 g/kg。除掉了空气中约 30% 的水分,降温效果明显优于空冷器,且采煤工作面的相对湿度维持在 80%～90% 之间,满足矿工的舒适度要求。

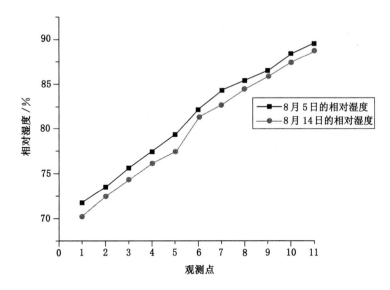

图 10.12　风流相对湿度折线图（除湿降温设备）

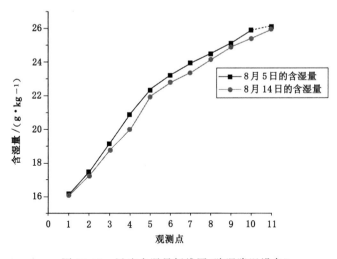

图 10.13　风流含湿量折线图（除湿降温设备）

10.6　采取不同降温措施的风流变化比较

为比较空冷器和除湿降温装置的降温效果,选取 7 月 26 日及 8 月 5 日这两天的风流状态参数,对经过处理的风流温、湿度变化进行比较,实测数据见

表 10.7、表 10.9,表 10.10、表 10.12。分别绘制出经空冷器和除湿降温设备处理的风流干、湿球温度,相对湿度和含湿量的折线图,如图 10.14～图 10.16 所示。

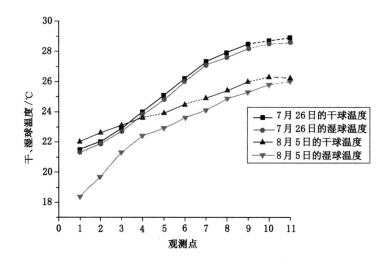

图 10.14　不同降温措施下风流干、湿球温度

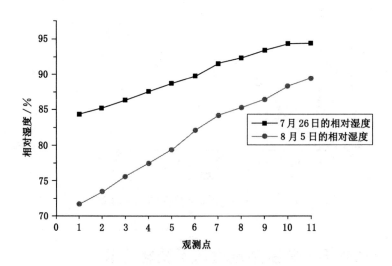

图 10.15　不同降温措施下风流相对湿度折线图

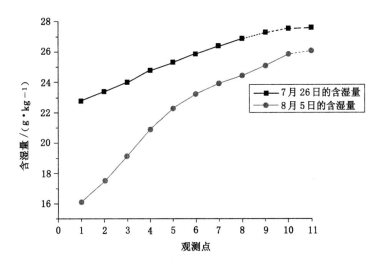

图 10.16 不同降温措施下风流含湿量折线图

由图 10.14 可以看出,风流进入进风巷后,采用空冷器处理后的风流干球温度比采用除湿降温设备的干球温度低,但由于风流湿度未降低,因此在到达回风巷的过程中温度上升较快。湿球温度相差较大,从图中可以看出,采用除湿降温设备的风流的湿球温度有明显降低,与空冷器处理的风流湿球温度最大差值为 2.9 ℃。

由图 10.15 和图 10.16 可以看出,在采煤工作面内,空冷器处理后风流的相对湿度范围是 84%～95%,而除湿降温系统处理后风流的相对湿度范围是 71%～90%;相比空冷器,除湿降温系统处理后风流的含湿量明显较低。同样的干球温度下,空气湿度越低,人体舒适性越高,除湿降温效果越高。由等效温度和相关规程可知,风温在 28 ℃时,相对湿度为 78% 左右才可以满足人体舒适度要求,使用空冷器无法达到同样效果。采用除湿降温系统,除湿量大,冷量损失小,可以有效节约能源,提高效率。

10.7 采煤工作面除湿降温技术的经济性评价

常见的经济性评价方法有四种:费用类经济评价、投资能力类经济评价、盈利类经济评价和效率类经济评价。费用类经济评价的目标是追求最小计算费用,最优方案为计算费用最小的方案;投资能力类经济评价主要评价投资的回收效果;盈利类经济评价以货币单位直接表示项目的盈利性;效率类经济评价主要计算投入和产出的能量成本。

因为矿井降温的目的在于保持井下热环境的舒适度,为工人提供一个良好的工作环境,从而提高生产率,降低事故发生率。所以降温技术的经济性评价不能只从投资的回收期长短和工程的盈利性方面来分析,而要将降温技术的经济性同矿井的效益和产能联系在一起。采用费用类经济评价的方法对采煤工作面降温技术做经济性分析。

10.7.1 经济性评价基本指标

10.7.1.1 工作面经济效益

采煤工作面经济效益 B_1 为:

$$B_1 = \left[\frac{1}{1 - (t_0 - t_1) \times 0.06} - 1\right] 365na = \frac{21.9(t_0 - t_1)}{1 - 0.06(t_0 - t_1)}na \quad (10.1)$$

式中 t_0, t_1 ——降温前、后采煤工作面风温;

  n ——采煤工作面人数最多班工作人数;

  a ——工人的平均日工资,元/d。

总经济效益 B:

$$B = B_1 - Z \quad (10.2)$$

式中 Z ——年平均经营费用和初期投资的年折旧费用之和。

10.7.1.2 单位制冷负荷耗费

单位制冷负荷费反映每生产 1 kW 冷负荷所需的费用,计算其耗费可以与其他系统横向比较,其计算公式为:

$$\alpha = \frac{Z}{\sum Q \cdot T} \quad (10.3)$$

式中 $\sum Q$ ——降温系统总的制冷负荷,kW;

  T ——降温系统的年运转时间,h。

10.7.1.3 系统制冷系数 COP

降温系统的重要技术经济指标,定义为单位功耗产生的冷负荷也就是降温设备每消耗 1 kW 电能可产生的冷负荷。制冷系数越大,证明降温系统的能源利用率越高,理论上可达 2.5～5。

10.7.2 经济性评价方法

基于费用类经济评价方法,可采用方案比较法和数学分析法,其中数学分析法又称函数分析法,根据技术方案的基本参数和各项费用之和的函数关系,建立经济数学模型,然后通过数学运算或图解分析,找出最经济合理的参数值,并确定其有效范围。

就降温技术而言,建立经济性数学模型应考虑以下参数:

① 湿空气的基本热力参数;

② 巷道风流热力参数;

③ 由人员舒适性计算出的总需冷负荷;

④ 除湿降温设备的技术特征和价格;

⑤ 管道的保温系数及冷损;

⑥ 电费,管道及设备维护费用等。

其制约条件有:

① 巷道中风流最高温和最低温。

② 制冷设备中载冷剂的温度和压力。

③ 除湿溶液在管道中的最大允许流速等。

根据以上参数及制约条件可构建特征方程,主要涉及风量和风压平衡,流体力学和热力学,目标函数以及经济费用方程等。采用数学分析法的经济评价相当复杂,研究也不够深入,尤其当参数和制约条件不全面时,将会与实际结果有很大的差别,因此多采用方案比较法。

方案比较法又称对比法,是利用一组可以全方位说明方案技术经济效果的指标体系,对达到同一目标的多个技术方案进行计算、分析和比较,最后选出最优的方案。方案对比法考虑较为全面,简单明确,既可定性也可定量分析。

年计算费用法是采用较多的方法。对比参与方案的经营费和投资费,将投资费通过投资效果系数折算成类似经营费的费用,然后同经营费用叠加,这就是年计算费用。最优方案就是费用最小的方案。其计算方法如下:

(1)基建投资费用

主要包括全部设备、基础设施建设费用和管道的费用,管道铺设、水泵安装以及设备安装费用的总和:

$$K_1 = K_2 + K_3 \tag{10.4}$$

式中　K_2——所有主要制冷设备及管道的总费用;

　　　K_3——所有基础设施建设费用、管道铺设等费用。

(2)系统经营费用

主要包括补偿冷损的耗冷量费用、输送载冷剂的能耗费以及折旧费。其中降温系统在第 i 年的折旧、维修费可按下式计算:

$$C_1 = K\tau_i = \left[(1 - c_{\mathrm{m}})c_{\mathrm{a}} + \frac{c_{\mathrm{m}}}{T} \right] \tag{10.5}$$

式中　c_{m}——附加材料费所占的比率;

　　　K——管道和保冷层加工的费用;

τ_i——系统在第 i 年的运行时间；

T——系统中管段工作的年数；

c_a——折旧费所占的比率。

载冷剂的能耗费的计算公式如下：

$$C_2 = NL\frac{\tau_i\sigma_1 + T\sigma_2}{\eta_1\eta_2} \qquad (10.6)$$

式中　N——单位长度管段输送载冷剂必需的功率，kW/m；

L——管段长度，m；

η_1,η_2——水泵的电动机效率；

T——在给定的状态下的系统工作年数；

σ_1——每年供给用户 1 kW 功率的费用，元/kW；

σ_2——每度电的费用，元/(kW·h)。

补偿冷损的耗冷量费用的计算如下：

$$C_3 = c_L T\left(Q + NL\frac{1-\eta_1}{\eta_1}\right) \qquad (10.7)$$

式中　c_L——系统中输送冷量的费用，元/W；

Q——系统全部冷损量，kW。

其他符号意义同前。

（3）年计算费用法的计算公式

$$H = C + E_H K_1 \qquad (10.8)$$

式中　H——年计算费用；

C——年运行费用，元/年，$C=C_1+C_2+C_3$；

E_H——标准投资效果系数；

K_1——总基建投资费用，元。

10.7.3　经济性分析实例

以山东某矿的 1412 工作面为例：巷道断面积为 14.6 m²，围岩温度为 30 ℃，选用 R400 mm 的风筒进行通风，工作面需风量为 800 m³/min，风机的出风量为 390 m³/min，其中风筒百米漏风率取 1.5%（从降低冷损失考虑，尽量减少漏风量），风筒的传热系数为 6.92 W/(m²·℃)。采用除湿降温系统时，风流进风干球温度为 20 ℃，湿球温度为 18 ℃，相对湿度为 90%，采用对旋风机，功率为 230 kW，每班工作人数为 18 人。

对 1412 工作面进行分析，其通风距离达到了 160 m 以上，空冷器和除湿降温设备经过处理后出风口风流干球温度为 22 ℃左右，如果要达到相同的除湿量（如 15 g/kg），空冷器要使空气的温度降到 15 ℃以下才能满足要求，而采用除湿降温设备,在 COP 值为 4.0 的状况下,溶液温度可以在 20 ℃,处理后空气的温度可以达到 22 ℃,与风筒外界空气的温度差值要小于空冷器,冷损减少 45%以上。

要使工作面符合《煤矿安全规程》要求,达到同样的等效温度,使用空冷器的冷负荷更大,设备功率的要求也更大,过程中冷损也大,因此经济性显然不如除湿降温设备。

不同工况下降温系统的冷负荷经过测试如表 10.14 所示。

表 10.14　不同工况下空冷器与除湿降温设备冷负荷的比较

干球温度/℃	湿球温度/℃	空冷器所需功率/kW	除湿降温设备所需功率/kW
27.5	27.5	252	230
28.0	27.0	258	224
28.5	26.5	265	216
29.0	26.1	270	208
29.5	26.0	276	201
30.0	25.7	281	196

由表 10.14 可知,工作面干球温度升高,湿球温度降低时,采用除湿降温技术的所需功率逐渐降低,而采用空冷器降温所需功率逐渐升高。当干球温度为 29.5 ℃,湿球温度为 26 ℃,使用降温除湿技术与空冷器降温技术相比,能量节省 27.1%。其原因是,采用空冷器时,除湿降温同时进行,经过处理后的空气温度逐渐降低,而冷损会增加;采用除湿降温设备时,可通过调节除湿溶液的温度和浓度来调节空气的温、湿度,整个系统的调节能力强,可以更好地满足要求,随着温度升高,COP 值升高,同时风筒的传输冷损降低,所需能量就会降低。

10.7.3.1　降温系统的经济性评价

选择年最小费用法对空冷器降温技术和除湿降温技术进行评价。

其中矿井基建费用主要包括制冷设备采购、安装费用,管道及其保温费用,水泵的采购和安装费用,由式(10.4)可得空冷器和除湿降温设备所用的基建投资费用,分别为 540 万和 512 万元(表 10.15)。

表 10.15　系统降温费用比较表

方案	现有降温技术(空冷器)	除湿降温系统
井下冷负荷/kW	875	796
冷损/kW	125	53.5

表 10.15(续)

方案	现有降温技术(空冷器)	除湿降温系统
COP 值	3.0	4.0
基建投资费用/万元	540	512
运行费用/(万元·月⁻¹)	21.5	18.62
年计算费用/万元	70.1	57.5

运行费用主要指的是降温系统在工作过程中设备运行工作时消耗能量的费用、设备折旧费用以及机械设备在维修和保养时的费用。设置电价为 0.8 元/(kW·h),水费为 1.5 元/t。机械维修保养的相关数据较少,计算采用经验公式,一般认为,设备和管道维修保养费用为设备、管道等购置费用的 6%,年折旧费用为设备、管道等采购费用的 5%。

两种系统的年运行费用由式(10.5)、式(10.6)、式(10.7)计算。设定投资回收的年限为 5 年,则年计算费用利用式(10.8)计算。其经济性评价各项参数经测试计算如表 10.15 所示。

由表 10.15 可知,相比空冷器降温,除湿降温系统的各项费用指标都较低,冷损和井下冷负荷以及年计算费用都低于空冷器,因此,除湿降温设备的经济性显然较好。

10.7.3.2 经济性分析

对采煤工作面工作区域利用除湿降温系统时的性能、特点、投资运行成本进行分析,其经济分析见表 10.16。

表 10.16 矿用局部除湿降温系统的经济性分析一览表

项目	除湿降温
除湿降温方式	盐溶液除湿比其他除湿方式节能、高效,利用矿井渗出的地下水作为冷却水源,排除冷凝热;利用换热器蒸发排热。
初期投资	512 万元
运行成本	18.62 万元/月
优点	系统初期投资较少,利用了矿井中的废水,使得运行成本变低,除湿制冷效果好。系统运行经济、稳定

据调查,矿井下温度每上升 1 ℃,则劳动生产效率下降 3%,设置计算标准为未采用除湿降温系统的工作面产量,则 1412 采煤工作面除湿降温系统的产能效益 B(单位:t)为:

$$B = \left[\frac{1}{1-(t_0 - t_1) \times 0.03} \right] A \qquad (10.9)$$

式中　A——1412 采煤工作面降温前年产量，t/a。

1412 采煤工作面年开采量为 72.03 万 t，采用该系统后工作环境温度可降低 3 ℃，可产生产能效益 71 238.5 t。

本系统运行成本低，不仅保护矿工的身心健康和安全，避免由井下高温而导致的设备事故，而且创造井下适宜安全的工作环境，大大提高生产效率，经济效益显著，同时提升企业形象，提高企业声誉，维护社会安定，具有显著的社会效益。

参 考 文 献

[1] 国家安全生产监督管理总局,国家煤矿安全监察局.煤矿安全规程[M].北京:煤炭工业出版社,2016.

[2] 王树路.井下潮湿的危害不可忽视[J].煤炭工程师,1994(5):43,42.

[3] 张灿.冰输冷降温系统的研究与应用[D].青岛:山东科技大学,2006.

[4] 崔文盈.温湿度独立控制溶液除湿空调系统的理论研究及技术方案论证[D].重庆:重庆大学,2007.

[5] 刘何清,吴超,王卫军,等.矿井降温技术研究述评[J].金属矿山,2005(6):43-46.

[6] 张利,陈松,于峰.几种矿井降温技术的比较[J].山东煤炭科技,2009(3):152-153.

[7] 唐亮,祖述程.空气的除湿处理技术[J].中国新技术新产品,2010(7):8.

[8] 陈胤,杨运良,程磊.矿井高温热害分析与治理[J].矿业快报,2008(6):78-79.

[9] 周西文,马爱华,王雨.湿度和热舒适性与空调节能的探讨[J].山西建筑,2008,34(6):245-246.

[10] 黄祎林,吴兆林,周志钢.热泵除湿技术的应用与发展[J].化工装备技术,2008,29(1):19-21.

[11] 江亿,刘晓华.温湿度独立控制空调系统[M].北京:中国建筑工业出版社,2006.

[12] 李震,江亿,陈晓阳,等.溶液除湿空调及热湿独立处理空调系统[J].暖通空调,2003,33(6):26-29,33.

[13] 赵伟杰,张立志,裴丽霞.新型除湿技术的研究进展[J].化工进展,2008,27(11):1710-1718.

[14] 王树刚,徐哲,张腾飞,等.矿井热环境人体热舒适性研究[J].煤炭学报,2010,35(1):97-100.

[15] 徐小林,李百战.室内热环境对人体热舒适的影响[J].重庆大学学报(自然科学版),2005,28(4):102-105.

[16] 王春耀,程为民,李伟清,等.矿工热舒适性指标测定及其分析与评价[J].煤

矿安全 2007(6):66-68,77.

[17] 袁旭东,甘文霞,黄素逸.室内热舒适性的评价方法[J].湖北大学学报(自然科学版),2001,23(2):139-142.

[18] 梁茵.基于 CFD 技术的矿井空调舒适度的数值模拟研究[D].阜新:辽宁工程技术大学,2006.

[19] 徐学利,张立志,朱冬生.液体除湿研究与进展[J].暖通空调,2004,34(7):22-26,59.

[20] 舍尔巴尼 Ａ Ｈ,克列姆涅夫 Ｏ Ａ.矿井降温指南[M].黄翰文,译.北京:煤炭工业出版社,1982.

[21] 刘靖.矿井空气调节[M].北京:机械工业出版社,2013.